U0299383

互联网产品
（Web／移动Web／APP）

视觉设计

导航篇

王愉 著

清华大学出版社
北京

内 容 简 介

导航是网站/APP 的核心功能之一，导航设计的成功与否，直接关系到用户体验是否良好。随着上网设备的多元化及浏览器性能的高速发展，网站设计需要兼容多种设备和屏幕。传统桌面网站的导航设计相对比较成熟了，但随着比如 HTML5 等新技术的不断升级，导航设计可以做到更多功能和视觉效果。而在目前移动网站和移动应用并存的时期，移动界面导航设计也有了其自身的特点。

本书是一本全面阐述网站及移动应用的导航设计理论、方法和案例分析的专业书籍。主要内容包括：认识导航，导航的设计理论及原则，导航系统分类，导航的基石，导航的核心，导航的焦点，导航评价，移动 APP 和 Web 导航策略。

本书作者为江南大学博士（产品设计理论与技术专业），北京印刷学院副教授（数字媒体艺术专业），长期从事教学科研及设计实践工作。本书力求将国内外导航设计方面的知识体系融会贯通，从贴近实战的角度出发，结合案例式教学的方法经验，做到"有用、能用、好用"。

本书适合从事网站及移动 APP 设计人员以及大专院校、培训机构相关专业师生阅读，特别适合希望掌握界面导航设计方法技巧的读者作为参考。

本书封面贴有清华大学出版社防伪标签，无标签者不得销售。
版权所有，侵权必究。侵权举报电话：010-62782989　13701121933

图书在版编目(CIP)数据

互联网产品（Web/移动 Web/APP）视觉设计·导航篇 / 王愉著. —北京：清华大学出版社，2015

ISBN 978-7-302-38278-2

Ⅰ. ①互… Ⅱ. ①王… Ⅲ. ①人机界面—视觉设计　Ⅳ ①TP311.1

中国版本图书馆 CIP 数据核字（2014）第 235096 号

责任编辑：栾大成
封面设计：杨玉芳
责任校对：胡伟民
责任印制：刘海龙

出版发行：清华大学出版社
　　　　网　　　址：http://www.tup.com.cn，http://www.wqbook.com
　　　　地　　　址：北京清华大学学研大厦 A 座　　　　邮　　编：100084
　　　　社 总 机：010-62770175　　　　　　　　　　邮　　购：010-62786544
　　　　投稿与读者服务：010-62776969，c-service@tup.tsinghua.edu.cn
　　　　质 量 反 馈：010-62772015，zhiliang@tup.tsinghua.edu.cn
印 刷 者：三河市君旺印务有限公司
装 订 者：三河市新茂装订有限公司
经　　销：全国新华书店
开　　本：170mm×230mm　印 张：13.25　插 页：1　字　数：390 千字
版　　次：2015 年 1 月第 1 版　　　　　　　　　　印　次：2015 年 1 月第 1 次印刷
印　　数：1～4000
定　　价：59.00 元

产品编号：041488-01

前　言

关于笔者

王愉，北京印刷学院数字媒体艺术专业副教授，江南大学博士（产品设计理论与技术专业），师从辛向阳导师。对于网页视觉设计，我已经从事教学科研及设计实践工作达十年之久。网页视觉设计越来越接近一门"艺术"，其设计和功能的趋势虽不能说瞬息万变，但也还是在技术的支撑下高速发展，所以我必须不断通过大量的研究与实践来保证我有足够的经验来教授学生，确保他们在大学可以学习到真正实用的技能以应对严峻的就业形势。

在多年的教学和实践中，我非常了解大家的需求，无论是我的学生或者是项目客户，以及实际岗位上的网页设计师。

这也是我创作这样一本界面导航图书的信心来源。

创作背景

当下，界面设计已经成为了一个综合性的工作，必须考虑包括视觉设计、信息设计、交互设计、体验设计等等细节，在综合考虑所有因素之后，才能逐渐完善出一个产品。

导航作为网站 /APP 的核心功能之一，设计得成功与否，直接关系到用户体验是否良好。随着上网设备的多元化及浏览器性能的高速发展，网站设计需要兼容多种设备和屏幕。传统桌面网站的导航设计相对比较成熟了，但随着比如 HTML5 等新技术的不断升级，导航设计可以做到更多功能和实现更优质的视觉效果。而在目前移动网站和移动应用并存的时期，移动界面导航设计也有了其自身的特点。

在我的教学和实践中，我经常发现，导航设计虽然如此重要，但经常成为第一个被忽视的细节。因为导航设计在商业设计中，比起绚丽的配色、灵活的动效设计，是一个相对"低调"的设计点，好多同学宁愿把精力放在配色、结构和自认为的"体验"等方面，而不愿意过多关注导航这个默默无闻但其实至关重要的设计。

于是，这成为了我创作这本书的源动力，集结之前发表的一系列与导航设计相关的论文以及目前最新的设计案例，成为了本书的雏形。之后，在编辑栾大成的鼓励下，咬牙坚持了 2 年多，期间大规模改版两次，修订了 4 次，直到交稿半年依然不顾出版社的相关规定继续更新内容，在大成的网开一面下变成了目前这个版本，虽然不甚完美，但确实能力至此了。

本书内容

本书是一本全面阐述网站及移动应用的导航设计理论、方法和案例分析的专业书籍。分为七章。

第 1 章 导航的设计理论及原则。介绍导航的需求和导航的定义，讲解以用户为中心、用户体验要素、情感化设计、最小努力、降低不确定感、重复性等设计理论。

第 2 章 导航系统的分类。讲解结构性导航系统、关联性导航系统、实用性导航系统。

第 3 章 Web 导航的基石。讲解结构层，信息构架方法、交互设计。

第 4 章 Web 导航的核心。讲解框架层，导航要素设计、信息设计、界面设计、线框图及原型。

第 5 章 Web 导航的焦点。讲解表现层，视觉设计概述、风格设计、交互的视觉呈现、格式塔效应、视觉影响、导航布局。

第 6 章 Web 导航评价。讲解导航评价方法、导航测试、优秀导航案例。

第 7 章 移动 APP/Web 的导航策略。移动导航模式分类、移动导航视觉元素设计、移动导航交互设计原则，以及对未来的展望等。

本书特色

新案例：随着交互设计理论的不断完善、企业对用户研究的深入，网站或移动应用产品的导航形式也随之更新。网站改版、设计趋势改变等诸多原因，促使本书在撰写过程中不断替换旧的实例或选择新旧两种形态进行对比，使读者能够更加深入地了解行业趋势和主流产品。

理论既是实践的基石也是实践的结晶：在互联网和交互设计领域，理论并不是一成不变、永远正确的。本书在阐明理论时辅以大量案例参考，有助于提高读者的理解力。设计实践需要理论的指导，同时，也需要推动理论的发展。实践使理论生动，理论使实践扎实。

关于本书

本书出版获得北京市教委人才强教创新团队项目（北京印刷学院田忠利，06040109001）；国家社会科学基金艺术学一般项目"基于国际前沿视野的交互设计方法论研究"，（江南大学辛向阳，12BG055）资助。

本书主要由王愉撰写，参与本书撰写工作的有：北京印刷学院王愉、微软公司李文博、北京印刷学院杨乐、隋涌、付震莲、罗慧、鲁艺、连环、赵一飞、王菲，研究生黄婷、徐晓彤、郁洭、张晓蒙、张晨蕾、张伶、初月、易娟、王熙瑶、周斌等。

本书由王愉、黄婷审校，田忠利、杨虹、史民峰、严晨监制。

关于读者

本书适用于网站设计师、移动媒体视觉设计师、新媒体交互设计师，大中专院校设计专业师生、平面设计爱好者、培训机构相关专业师生等。

本书涉及诸多设计理论，建议读者溯本求源，深入或扩展阅读信息源。

关于案例

由于互联网行业设计产品更新较快，本书采用的案例读者未必还可以搜索到，建议读者以发展的心态来学习和研究这个领域的相关知识。

另外，本书极个别案例来自互联网，并无法查明出处，如果本书用到了您的作品，烦请告知，将在下一版予以更正。在此也感谢这些卓越的设计师让我们的互联网生活多姿多彩。

感谢

这部分内容虽然是套路，但是相信每个认真创作的作者都会真真切切地感受到来自周边朋友的帮助，很多时候，这些帮助都是潜移默化的。

非常感谢江南大学博士导师辛向阳的耐心指导。

在此由衷感谢清华大学出版社栾大成编辑给予的无限耐心和宝贵意见。

感谢本书引用的理论、作品的原作者，你们的智慧和创意是本书绽放的基础。

感谢老张的关爱、父母的敦促、姐姐的支持和小米的陪伴。

衷心感谢每一位读者，如果您耐着性子看到这里，那就再次感谢一次。

目　录

第1章

界面导航的设计理论及原则

导航要以用户为中心，以满足用户的实际需求为目的，遵循人类的认知能力和审美标准，强调用户体验和情感化设计。

1.1 导航需求

打破疆域时空之限的互联网已经成为人们获取信息的基本途径。在包罗万象的网络信息中，导航是人机交互实践活动中的一种富有创造性的方式。

导航根据网站/APP构建目标，以用户为中心，组织信息层次并在信息之间建立有目的的关联。设计师不仅需要按照美的规律塑造导航的外观，而且需要按照信息体系结构设计原则把握导航的构架。

良好的导航能够充分展示品牌的定位和价值，明确用户在纷繁复杂的互联网中的位置，有效地提供用户获取信息的途径，引导用户实现网站所有者的业务目标。

德国双立人中文网站（www.zwilling.com.cn），用来宣传其品牌故事，展示餐具、炊具等不锈钢产品。页面简洁大方，大量运用的黑白灰调子符合产品精良、现代的设计理念。主导航、二级导航、辅助导航分类明确，信息结构层次清晰，布局也符合一般用户的阅读习惯。

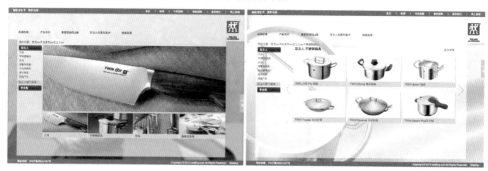

双立人网站

Vevo是由谷歌、环球音乐和索尼音乐合资的全美第一大音乐服务网站。Vevo实现了网站、Android、苹果 iPhone、iPad 等跨平台的产品布局。其 APP 界面元素简洁，以黑色为主色，运用黑白的对比加红色的点缀，用大图和配色来驱动导航，整体导航干净利索，可以在保持整齐、统一的现代感同时做到局部的突出效果。

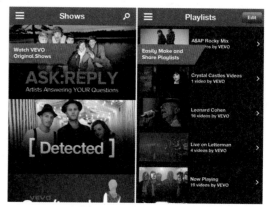

Vevo APP

导航需要针对目标用户不同的使用情境进行设计，解决"我在哪"，"我可以去哪"，"我如何去那"等问题。既满足用户自如获取所需信息的需求，又给用户带来了愉悦感受。

1.2　导航定义

导航不仅是一种提供网站 /APP 页面间跳转的方法，还是体现导航及其所包含内容之间关系的重要手段。导航不是用来炫耀的内容，它是用户的 GPS（Global Positioning System），在不被过度关注的舒适环境中使用户体验获取信息的快感是导航设计的目标。

导航要明显，目的要明确，到达要便捷。通过合理的导航设计，将信息和服务充分地展现在用户面前，缩短查询时间，提高网站 /APP 的浏览深度和曝光率，进而，为网络用户提供更强大、舒适的浏览环境。导航设计是否合理对于网站建设是否成功具有非常重大的意义。

路标指示似导航

对于迅速发展的网络世界，旧的概念和定义可能随时消失或迁移，新的概念和定义不断涌现。设计师对导航中的诸多定义和用语也不尽相同，本书中阐述的内容可能在其他文献中有不同的说法，但宗旨是一致的：为浏览者提供良好的信息服务。

1.3　以用户为中心

1.3.1　需求层次理论

人本主义心理学家马斯洛（Abraham Harold Maslow）提出的需求层次理论，把人类的需求分为五个层次：生理需求、安全需求、社交需求、尊重需求和自我实现的需求。

- 生理需求（Physiological Needs）包括：人们对呼吸、食物、水、性、睡眠、家、排泄等基本生理需求；
- 安全需求（Safety Needs）包括：人们对身体、职业、资源、道德、家庭、健康及财产等安全、秩序、稳定、保护和依赖的需求；
- 社交需求（Social Needs）包括：人们对友谊、家庭、归属和爱的需求；
- 尊重需求（Esteem Needs）包括：自我尊重、自信、成就、尊重他人以及被他人尊重的需求；
- 自我实现的需求(Self-actualization Needs)包括：解决问题、自我发展、履行和满足的需求。同时，还伴随着认知需求和审美需求，以及最大限度地摒弃偶像崇拜、不执著、追求不断创新和超越的终极关切（Ultimate Concern）状态。

马斯洛需求层次理论
Need-hierarchy Theory

亚伯拉罕.马斯洛（Abraham Maslow）美国人本主义心理学家。

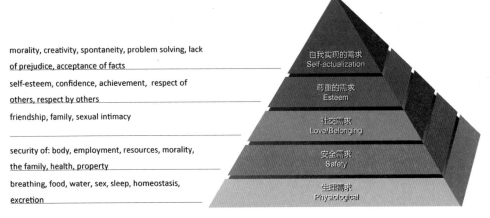

morality, creativity, spontaneity, problem solving, lack
of prejudice, acceptance of facts

self-esteem, confidence, achievement, respect of
others, respect by others

friendship, family, sexual intimacy

security of: body, employment, resources, morality,
the family, health, property

breathing, food, water, sex, sleep, homeostasis,
excretion

自我实现的需求
Self-actualization

尊重的需求
Esteem

社交需求
Love/Belonging

安全需求
Safety

生理需求
Physiological

马斯洛需求层次

1.3.2　基于UCD的导航设计

　　以用户为中心的设计（User-Centered Design，UCD），是指在产品上市之前充分调研用户在实际使用情境下的行为和反应，通过"磨刀不误砍柴工"的研发时间和成本的"消耗"，达到降低产品失败风险、尽早揭示产品疏漏和故障、鼓励产品改进和创新、提供产品长足发展战略、减少用户学习使用时间、带给用户良好体验的目的。

　　"UCD是在ISO标准中定义的——以人为中心的交互系统设计过程。"[1] 以用户为中心的设计原则为：在设计的整个过程中以人为本，关注用户的心理、行为和反应；持续的调查和评估，以保证最终产品的易学、易用性；通过以用户为中心的产品监控和测试，迭代有利、有益的设计。

　　一名优秀的网页设计师，在创建交互界面导航时，应以用户及其需求为中心，而不应过于主观地以设计者自身为中心。以用户为中心的设计方法有：

- 大量分散的问卷调查
- 加入整个设计过程的用户参与
- 对用户观点的专家评估
- 对用户的日志观察和追踪
- 通过观察设备或观察者对用户使用产品的可用性测试
- 随访获取用户任务实现中影响设计的因素
- ……

　　设计师除了需要了解网站建设的背景和目的，还需要系统地分析网站的目标用户，分析用户的类型及其需求和行为，组织网站的信息构架。在策划、设计、使用的整个过程中可以通过下列属性来评估用户期望和浏览站点时的反应：

- 有用性（Usefulness）
- 术语适当性（Appropriateness of Terminology）
- 响应度（Responsiveness）
- 导航易用性（Ease of Navigation）
- 可信度（Credibility）
- 视觉吸引力（Visual Appeal）
- 感知效率（Perceived Efficiency）
- 愉悦感（Enjoyment）
- ……

　　导航是用户找到所需信息、体会品牌价值的必要手段。以用户为中心的导航设计需要对网站 /APP 的用户进行体验测试，其中可能涉及的项目有：

- 内容（Content）
- 功能（Functionality）
- 外观（Look and Feel）
- 导航（Navigation）
- 搜索（Search）
- 站点绩效（Site Performance）
- ……

另外还有：

- 分析网站/APP的内容和服务是否能够满足用户的需求，使用户感觉"有用"（Usefulness）；
- 网站/APP的信息结构和交互方式是否使用户感觉"好用"（Usability）；
- 网站的综合指标是否使用户感觉"满意"（Desirability）。

互联网产品（Web／移动 Web/APP）视觉设计·导航篇

英国人体护理及保养用品 THE BODY SHOP 中文网站（www.thebodyshop.so），以品牌推广和在线销售为目标。页面中服务热线位于顶部右侧，然后从左到右依次布局标志、辅助导航和搜索，其下是主导航和登录及购物车信息。这种布局方式已被广大用户所熟识，减少了认知成本。整体采用草绿和浅灰色调，符合产品自然清新、绿色环保的定位。使用带有立体投影的灰线区隔信息的层级和分类。详细页与首页主导航布局一致，并增加了面包屑导航，提高了用户辨识方位的能力。但如果商品分类所在导航项上采用颜色或图形加以突出就更明确了。

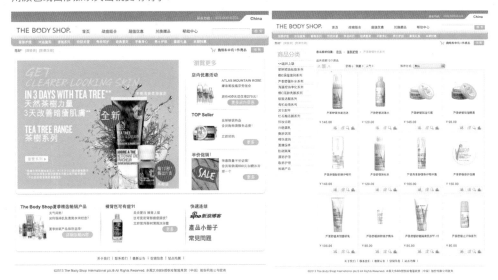

THE BODY SHOP网站

以用户为中心的导航设计，应以浏览者的需求和利益出发，以导航的易用性为重心。

- 设计人员应使浏览者能够轻松掌握导航的使用方法，知道哪些是可行的操作，哪些是不合适的操作；
- 应用自然匹配和限制因素使浏览者对正确的操作方法一目了然；
- 使浏览者能够预测操作可能的状态，及时得到操作后的反馈结果；
- 当浏览者操作不当时，可以取消错误操作并恢复到操作之前的状态或尽量减小负面影响；
- 充分利用成熟的平面设计原理来满足界面设计的视觉需求，在感受导航之美的同时提高其可用性、易用性，为用户提供满意的信息服务。

古根海姆博物馆网站（www.guggenheim.org），主导航利用颜色编码来区别纽约（New York）、威尼斯（Venice）、柏林（Berlin）等不同城市的古根海姆博物馆的展览信息。当选中其中一个主导航栏目时，该栏目的背景色块将变大，相应的，其他栏目的尺寸变小，通过页面主色调和导航栏目大小使用户对如何浏览网站一目了然，提高了网站的易用性。

古根海姆博物馆网站颜色编码组织信息

梅西百货公司 (Macy's) 是美国的著名连锁百货公司，其推出的手机客户端支持在线购物、提供优惠信息、管理账户、在店内扫码获得产品详细信息等复杂功能，其定位技术使用户可以在纽约先驱广场店更快地找到喜欢的品牌和分类。

从界面导航来看，梅西百货的手机客户端大量采用图标＋产品标准色（红色）来辅助构成导航系统，将如此纷繁复杂的购物应用浓缩到方寸之间，虽然不可避免地有一些购物应用的杂乱之感，但是丝毫不影响用户通过其导航系统迅速定位到自己需要的功能。

梅西百货公司APP

1.4 用户体验要素

瑞士国际标准化组织（International Organization for Standardization）于 ISO 9241-210:2009 人机交互工程第 210 部分（以用户为中心的交互系统设计）中定义了用户体验这一概念。用户体验（User eXperience，缩写 UX）是指人们对于使用或期望使用的产品、系统或服务的感觉和反应。用户体验这一概念是由认知心理学家唐纳德 A. 诺曼（Donald A. Norman）博士推广开来的。用户体验在本质上是主观的，因为它是关于个人的感受和想法。用户体验也是动态的，因为它随着时间的推移，环境的改变而改变。

用户体验更强调人机交互、产品使用、接受服务过程中所经历的、感性的、有意义或有价值的方面，但同时，它也包括人对系统的可用性、易用性、有效性等实用性方面的考虑。信息架构设计师皮特·马威尔（Peter Morville）设计了用户体验要素蜂巢图。

皮特 马威尔（Peter Morville）信息架构设计师.

用户体验要素蜂巢图
User Experience Honeycomb

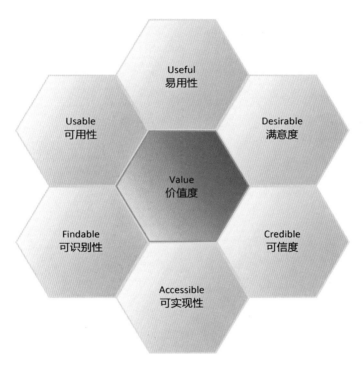

用户体验要素蜂巢图

用户体验也是一个测试产品满意度与使用度的词语。用户体验设计（User Experience Design）是以此概念为中心的一套设计流程，此流程包括了：

- 目标用户设定；
- 满意度范围和概念设计；
- 用户功能需求；
- 交互设计；
- 系统反馈和最终的报告与成果。

在互联网产品设计中，用户体验重要的是要结合各方的不同利益：市场营销、品牌、视觉设计和可用性。人们需要把市场和品牌概念加入到交互领域，而可用性是交互领域中非常重要的因素。互联网产品设计应该把可用性考虑到市场营销、品牌推广、视觉审美等各方面，而用户体验提供了一个综合各方利益的平台：使互联网产品易用、有价值、高效。

直观量化的用户体验评价
User Experience Evaluation

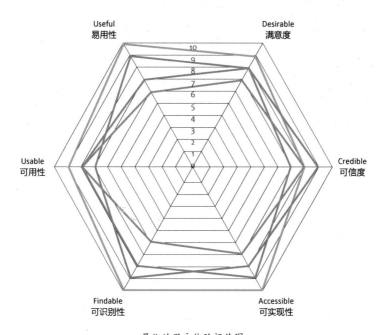

量化的用户体验评价图

"Ajax 之父"基斯吉姆哥特（Jesse James Garrett）在《用户体验的要素》一书中，为了清楚地阐述用户体验的整个开发过程，将网站建设分成：策略、范围、结构、框架和表现五个层级，每个层级都由若干要素组成。[2]

- 策略层（Strategy）位于用户体验设计的最底层，它包括了经营者对网站建设的目标，以及在此基础上的网站用户的需求。

- 范围层（Scope）确定了网站功能和内容的组合方式，网站的范围层主要由网站策略层决定。

- 结构层（Structure）整理并构架网站的信息内容，同时设计了用户与网站的交互方式，交互设计的同时也需要考虑信息构架的部分内容。

- 框架层（Skeleton）是结构层的具体表现，良好的界面设计、明确的导航使用户轻松地找到所需信息。

实际上，信息设计、界面设计、导航设计的概念均在不断地演变，三者所涉及的领域多有重叠。

- 表现层（Surface）侧重产品的外观——页面的视觉设计。笔者在各要素的关系上做了相应调整。

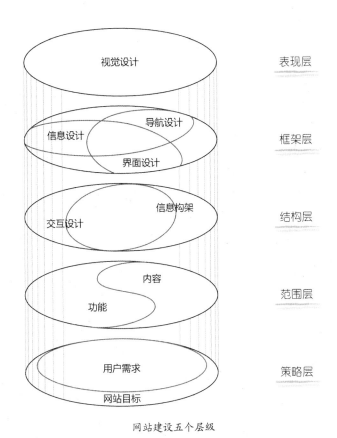

视觉设计   表现层

导航设计

信息设计

界面设计   框架层

信息构架

交互设计   结构层

内容

功能   范围层

用户需求

网站目标   策略层

网站建设五个层级

理论上，为了更好地理解网站开发过程中的用户体验设计，我们把用户体验划分了若干层级和区块。现实中，层级和区块的界限并不那么明确，各个要素可能跨越层级互相渗透并存在重叠或包含的关系，用户体验的问题也不是只处理单一的要素就能解决的，通常需要穿越层级，同时调整多个区块，反复测试。这些要素的定义范围有狭义和广义之分，不同领域的专家学者还会有不同的见解，并且随着理论和实践的发展，要素的定义也发生迁移。

本书将在第 5 章、第 6 章和第 7 章详细阐述与导航设计相关的结构层、框架层和表现层。

1.5   情感化设计

自然科学已证明，人类比地球上的其他动物具有更高级的思维能力。人类在气象万千、错综复杂的环境中进化出了灵活的四肢、敏锐的感知系统和发达的运动系统。对外部世界的认知，使我们获取知识和理解事物，情感帮助人们进行价值判断、好坏评价、危险辨别，从而更好地生存。

日常生活中，紧张焦虑等负面情绪会使人思路变窄，视角变狭小，集中考虑与问题直接相关的方面，注意局部胜于整体，但我们却可以利用这种负面情绪提高注意力，集中精力攻关，在期限内完成任务或逃离危险，迅速到达安全地带。而当人们轻松愉悦感觉良好时，能够拓展思路，使人更具好奇心、想象力和创造力，注意整体胜于局部，我们可以利用这种正面情绪学习讨论，进行头脑风暴。

我们通常认为网站 /APP 的重要作用之一是利用互联网传播分享信息，比如梦中情人网站（www.nygirlofmydreams.com）。男孩在纽约地铁遇到了自己梦寐以求的姑娘，当时出于羞涩没有表白，后来建立此站点，记录了当时的环境、姑娘的外貌和自己的联系方式。姑娘的朋友偶然发现了这个网站，最后有情人终成眷属。男孩为了纪念这个美好的爱情故事始终保留着这个网站。页面很简单，分上下两部分，上半部分图文描述了地铁里的情境，下半部分描述如何找到了心爱的姑娘。

梦中情人网站

唐纳德 A• 诺曼（Donald A. Norman）博士在《情感化设计》（EMOTIONAL DESIGN）中详细阐述了设计的三种水平：本能水平(Visceral Level)、行为水平(Behavioral Level)、反思水平（Reflective Level）。本能水平是人类除了个体差异以外绝大部分人都相同的，而行为水平和反思水平却因人而异，文化背景、生活环境、教育程度、经历经验都可能造成不同的行为水平和反思水平。[3]

2003 年，丹尼尔• 如塞尔（Daniel Russell）向唐纳德 A• 诺曼提供了关于三种水平的示意图。本能水平用来感知外界并迅速反应，是情感加工的起点。本能水平能够直接向运动系统发信号并影响行为水平。与本能水平相似，行为水平也可以感知外界并控制运动系统，但是，行为水平还可以增强或抑制本能水平并与反思水平互相影响。反思水平与感知外界和控制运动系统没有直接关系，反思水平必须通过行为水平获取信息，实行控制。

为了方便读者理解，笔者进行了视觉化调整。

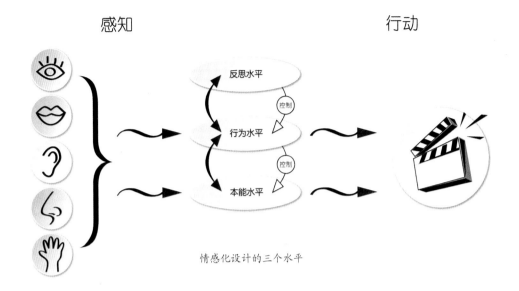

感知　　　　　　　　　行动

情感化设计的三个水平

　　现在我们吃粗粮野菜，这和我们日常生活中吃的精粮蔬菜不同，粗粮野菜平常少见，在本能水平上，我们都会认为口感粗糙；在行为水平上，年轻人可能只是为了尝尝新鲜；在反思水平上，经历过苦难生活的老人以此来忆苦思甜。

　　本能水平中，外形、手感、材料、肌理、重量等外在特性是起决定作用的，本能水平的设计力把握着用户对产品即刻的情感反应。

　　行为水平解决的是可用性、易用性、易理解性和真实的物理感觉四方面的问题。产品必须具有某种功能，以满足用户的特定需求——解决可用性问题；使用方便、省力——解决易用性问题；通过连续适时的反馈与用户交流，实现良好的可操作性、可控制性——解决易理解性问题；通过眼、耳、口、鼻等器官和感知系统，真实感受外物的体积、重量、味道等物理特性——解决真实的物理感觉的问题。

　　反思水平注重产品的意义及其所带来的社会、文化等方面的影响。反思水平通过反复的回忆和评估决定了人对物的总体印象。

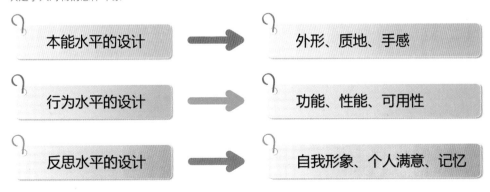

三种水平对应的产品特点

　　大家可能都还记得这样一句广告语："人类不能没有联想，正如眼睛需要看视的地方。"这个阐述从人类的本能水平上升到行为水平和反思水平。美国科学家证实雪盲症的成因之一是，人类的眼睛总是在不知疲倦地探索周围世界，从一个落点到另一个落点，若是过长时间连续搜索却找不到任何一个落点，眼睛就会紧张失明。同理，联想可以促使人们学习新知、理解事物、反思和回忆。

　　情感化设计理论同样适用于网站/APP设计。网站给用户的最初印象非常重要，如果网页下载时间过长，超出浏览者的耐心极限，浏览者就可能放弃下载，那么再美妙、详实的内容也传递不到浏览者眼中。而网站的交互方式、排版布局、颜色搭配、视觉形象都参与构成用户的视觉印象，粗糙混乱的排版会使浏览者放弃寻找信息的勇气和耐心。导航要清晰明确，方便浏览者找到可用信息，在交互的视觉设计方面要适时考虑界面元素对浏览者动作的反馈。浏览过后，用户往往对网站产生一定的印象：界面是否美观，信息是否详实，是否有必要加入收藏夹待需要时登录使用等等。娱乐类、教育类、政府类、商务类等不同类型的网站应满足用户的不同需求，达到既可用又好用。

　　Travel Agency旅游公司网站，模拟探险电影中的羊皮纸地图，四周布满指南针、热带水果、航海帽、救生圈、盖了邮戳的信笺等旅游中出现的典型图案。海浪、远山、蓝天、椰树作为导航的背景，导航文字用浪花的图形相间隔，使人自然联想到美丽的风景和旅游的轻松好心情。

Travel Agency旅游公司网站

　　DishPal是一款基于图片形式的美食社交应用，主要为吃货提供一个交流烹饪技巧、分享美食体验的平台。界面用牙黄灰作为主色，搭配着黄绿色、浅棕色，给人一种很清爽、淡雅的视觉感受。其导航系统采用APP常见的图片＋底部导航栏的组合，丝毫不影响美食图片的展示，让人胃口大开。

　　心理学家证实，用户在后期的体验比初期和中期的体验重要得多，对事件的记忆比事件的实际情况更为重要，对整个体验的记忆比对单独部分体验的记忆重要。体现在界面设计上，在用户进入网站的等待阶段，

DishPal APP

可以设计具有网站 /APP 视觉形象（Visual Identity）特征的或趣味性较强的等待动画来缓解用户的焦虑心理，或者提供用户可以或有必要完成的干扰性任务，因为即便物理时间一样，在心理上空闲时间被认为比忙碌时间更长，欢乐时间比平淡时间更短。

詹姆斯·卡尔巴赫（James Kalbach）在《Web 导航设计》（Designing Web Navigation）中提到情感所具有的几种特性是与设计息息相关的。

- 其一，情感是人类的特质。情感不是物的属性，当然也不是网页的属性，情感是属于用户的。设计师不能设计用户的情感，但可以设计用户产生情感的产品。设计师的重点不应放在界面可能产生的情绪暗示上，而应了解和把握用户与网站交互时的真实情感。

- 其二，情感是快速的。人类情感的反应远远快于理智的反应。人们对网站的最初印象是本能水平的。用户在二十分之一秒之内就能评估出网站对他的吸引力，网站的外观是影响网站可信度的首要因素。情感上最初印象产生的晕轮效应（Halo Effect）会附加在用户对网站总体的理解和交互行为上。

- 其三，情感是基于情境的。个人经历、身体状况、目标预期等等共同决定了对某种体验的情感。高兴时对酒当歌，伤心时借酒消愁，同样是饮酒，不同的情境产生的体验也是不同的。用户在浏览网站时也是如此，无聊时的冲浪是度过时间的闲适方式，而繁忙工作中查找网络上的特定信息则是紧张甚至焦急的。对情感化设计的理解有助于设计师进行以用户为中心的交互产品创作。

台湾袖珍博物馆（www.mmot.com.tw），首页模拟一处袖珍场景，导航菜单也隐藏在此场景中。色彩搭配和谐自然，非真实感的透视带有一定的趣味性。右下方还重复设有导航菜单，位置在第一屏内方便用户浏览到。

台湾袖珍博物馆

科洛·库思奥教授（Carol Kuhlthau）通过观察用户的使用情境及用户反应，把用户在 Web 上搜索信息的过程归结为以下六个阶段。

- 一、启动阶段，用户认识到对信息的需求，感到恐惧和不确定；

- 二、选择阶段，用户识别和选择要搜寻的信息主题，带着希望和乐观的愿望；
- 三、探索阶段，用户不够准确地表达信息需求造成与系统交互产生的困惑、怀疑；
- 四、确切表达阶段，用户思路逐渐清晰，确定搜索信息的重点，到达不确定感的拐点，信心大增；
- 五、收集阶段，用户确定搜索的主题范围和重点，与系统的交互实用高效，信心进一步升高；
- 六、展示阶段，用户完成信息的搜索需求，感到满意或不满意。

用户在搜索信息的过程中，信心并非总是随着信息的增加而增加，当信息过多或相互冲突时，用户的信心就会降低，这种不确定和焦虑感会持续到重新确定重心或停止搜索为止。充分观察用户行为，分析其交互过程中的情感表达，有利于设计师合理地构建信息，高效地实现用户需求。

1.6　最小努力

美国国会图书馆咨询员托马斯·曼（Thomas Mann）在其著作《图书馆研究模型：分类、编目和计算机指南》中指出，大部分人在搜寻信息时会选择更容易获得的信息资源，尽管这些获得的信息可能在质量上并不高。如果要获得质量较高的信息，将要付出更多的努力。[4] 托马斯·曼认为，人们倾向于使用简单、方便、熟悉的工具。在一定程度上，人们认为搜索过程的简便性比所获得的信息的质量更重要。

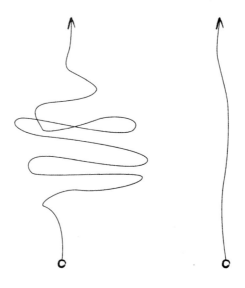

最小努力

构建网站的信息层次关系时，应尽量减少信息页面的层级，一般控制在四层以内就可以了。如果详细内容页面的层级过深，用户没有捷径到达详细页，那么有可能在到达详细页之前已丧失了信心。因此，我们需要在信息的广度和深度构架上进行平衡。

另外，设计符合用户阅读习惯的版式也是减少用户无谓努力的方法。除非是个性化鲜明，把视觉呈现方式的独特性作为信息传达的重要目标的艺术或时尚领域，大部分网站都会充分考虑用户心理和用户习惯，设计以用户为中心的作品。

　　南京市博物馆旧版网站（www.njmm.cn），垂直书法馆名及经典文物图片占据了 2/3 的版面，文字信息在右侧拥挤在一起。右上方黑色块状的搜索框显得过于沉重醒目，没有可以输入文字承装信息的感觉；已有"搜索"文字的按钮，左侧又出现"全文检索"文字，造成信息和空间的浪费。右侧中部，红底白字标题栏区隔的文本信息块，对齐和留白混乱。这样的布局排版增加了用户浏览网站内容的难度。但是此设计把参观者需要了解的"展览信息"、"开放时间"、"票务政策"、"参观须知"等信息集中呈现，没有与展馆咨询等内容混为一谈，是非常可取的。

南京市博物馆旧版

　　上海博物馆网站（www.shanghaimuseum.net/cn/index.jsp），设计相对简洁，主导航位于页面顶部居中，搜索、语言选择位于右上方，这是浏览者习惯的布局方式。中部通过线、投影及背景色来区隔不同信息块，对齐工整，适合阅读。在我们进行视觉元素的"正形"设计的同时，还要重视视觉元素之外的"负形"的设计。界面中曲直边界之间的空白处理、相关信息单元之间、不同层级信息块之间的空白处理还有待调整。此外，博物馆开放时间虽然在第一屏左下方就能看到，但与辅助导航"网站地图"、"联系我们"等混在一起，使参观信息展现地不够充分和明确。

上海博物馆

　　毕竟，导航的目的是为了通过良好的用户体验使用户获取有价值的信息。如果用户不断地遭受信息混乱导致的挫败，信息获取的通道将会减少或关闭。

1.7　降低不确定感

　　降低不确定感理论阐述了人际交往过程中与陌生人认识要经历三个阶段：进入阶段、个人阶段、退出阶段。最早此理论是1975年由查尔斯·伯格（Charles Berger）和理查德·卡拉布瑞斯（Richard Calabrese）在《基于沟通发展理论的交互初期探索》（Some Exploration in Initial Interaction and Beyond: Toward a Developmental Theory of Communication）中提出的。通过这三个阶段的沟通，与对方建立一定程度的了解，减少不确定感带来的恐慌与不适。

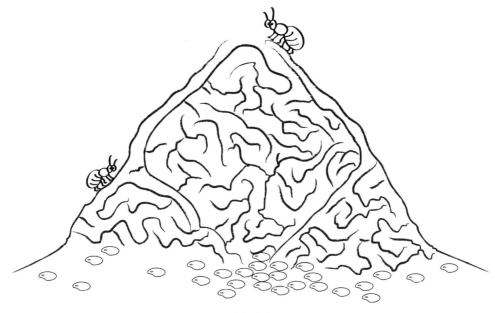

迷宫隧道

自然映射可以降低不确定感。生活中燃气灶的例子很好地说明了这个问题。四个灶眼对应四个旋钮，如果旋钮的排放位置不能与灶眼一一对应又没有指示明确的图示，用户就会产生困惑。Web 设计中，命名、控件、交互方式和预期结果之间也存在着映射关系，如果映射关系不自然，与用户的心智模型不相符合，就会加重用户的认知负担，影响交互流程，甚至发生严重错误。

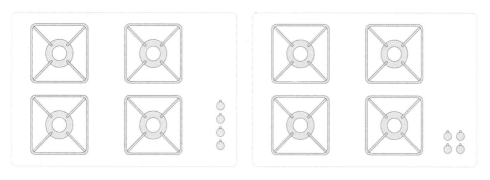

燃气灶灶眼与旋钮的位置关系

不确定感可能引发焦虑和其他负面情绪。降低不确定感理论同样适用于导航的设计。在虚拟的网络空间中，用户很难获得像实体物理空间同样的位置、大小、方向感觉。因此，从信息构建到导航的视觉表现都需要减少用户的不确定感。要尊重用户的使用习惯，利用导航的设计模式来进行标准化设计，并适度地突破和创新。

　　巧克力开心乐园网站（www.chocolatehappyland.com），以园区的三维模型作为首页主画面。用户既可以通过主导航获取活动、票务或网上商城等信息，还可以直接进入乐园模型中了解相应的建筑物的主题和活动。光标滑过图标时显示文字提示信息，从而降低了用户对图形理解和链接指向的不确定感。

巧克力开心乐园

- 反馈速度过慢或没有反馈会造成用户的不确定感，用户无法感知自己的操作是否正确；
- 面对信息结构广度太宽的众多导航项或者深度太远的信息结构也会造成用户的不确定感，因为用户无法选择甚至会迷失方向；
- 过于单一的导航模式可能造成用户的不确定感，适度重复的导航和逃生舱（返回首页的按钮或链接）的设计也是必要的。

复杂会造成困惑。在人们对事物的简单和复杂认知上，唐纳德 A·诺曼在（Livinf with complexity）提到"人们在复杂程度上有一个偏好范围：太简单的事物显得无趣和肤浅，太复杂的事物会令人困惑和烦恼。人们喜欢中等程度的复杂。此外，这种偏好的程度随学识和经验而变化。复杂的事物可以是简单适用的，简单的事物也可能是令人困惑的。" [5]

OpenTable 是目前美国领先的网上订餐平台，通过 OpenTable，食客们根据自己的需求（包括地点、口味、日期以及人数等）将餐店进行大致的筛选，或者直接输入自己的目标餐店，然后根据订餐时间、价格是否有优惠、餐桌位置等条件进一步精确自己的预定范围。界面文字的用色、字号、行距都十分讲究，营造出简洁、舒朗、高效的氛围。其导航系统"藏"在界面中，但是在如此清爽的界面中通过符号、色彩、字体字号等细节可以轻易辨认，干脆利索地订到自己最想吃的东西。

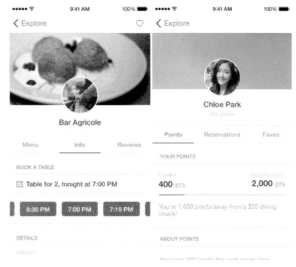

OpenTable APP

对于导航设计也需要考虑到这一方面。对于不同文化背景和经历的用户，导航复杂性所造成的不确定感是不同的。对于内容繁多的网站 /APP，如果网站 /APP 信息结构的广度较窄而深度太远，导航栏目又太少，虽然看起来简单，但是用户在搜索信息的过程中会越来越没有把握，不确定感加强到一定程度就会迷失自己。对于探宝枪战或攻城掠地等游戏类网站，设置适当的复杂性能够增加用户游戏情景的投入以及成功后产生乐趣的强度，并带来专业感的得意与自信，甚至高手还希望增加挑战性。

1.8　艺术性原则

"艺术"源于古罗马的拉丁文"art"，原义是指相对于"自然造化"的"人工技艺"。科学技术的快速发展对人类的艺术活动产生了巨大影响。电子技术、计算机技术、卫星技术等科学技术的发展以及其在文化艺术领域的广泛应用，拓展了艺术的定义、传播方式和功能。一般，艺术可以理解为人类实践活动中富有创造性的一种形式，也是人类掌握世界的一种方式或产品。导航是艺术与科学、形式与功能、感性与理性相结合的产物，它需要在满足功能实现的前提下保持足够的美观，导航设计也是现代艺术设计领域中的一项重要内容。以用户为中心的设计强调用户及其需求，充分调动人们的兴趣并给人以美的适度享受。

艺术是主体与客体的统一，它既离不开人，也离不开物。康德认为"艺术是人的一种技能、一种能力、一种自由的创造活动——是人类创造美的活动"[6]，而"美"则通常是指能够使人产生愉悦和满足的美好感觉的事物。"界面设计像建筑设计或新潮的服装设计一样，已经成为一种艺术。"[7] 而导航是界面设计中非常重要的元素，它既要实现功能美，又要实现视觉美，二者缺一不可。

mylexicon 网站（www.mylexicon.co.uk），是为孩子记录童年所设计。利用记事本和书签作为页面设计元素，生动有趣，让孩子们轻松愉悦地感受美好的记忆。

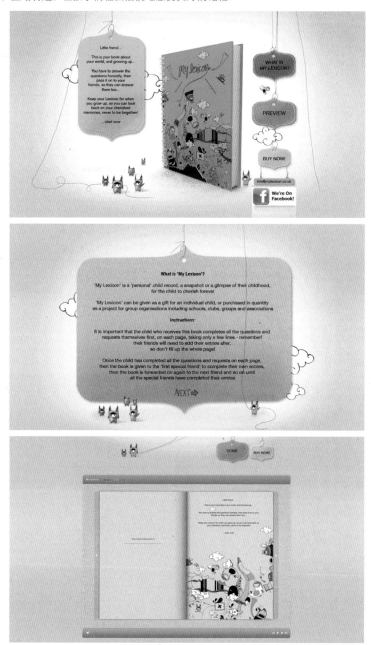

mylexicon网站

　　"通过艺术和科技结合的手段来支持人性化的交互界面，以区别传统的只注重功能设计的界面。历来注重功能设计的界面，有其技术工具水平的限制。人性化的交互界面，在许多设计成为基础技术得到普及化后，艺术在其中的作用和意义就更大。"[8] 良好的导航设计能够带给用户可控制、可预测和易理解的界面，使得界面信息丰富而合理，减少用户搜索所需信息的时间，提高用户的信心和满意度，并进一步产生愉悦的心理感受。

　　导航设计是艺术与科学、形式和内容的有机统一体。导航艺术是一种具有技术性和审美性的实用艺术。设计师对导航的设计是一种具有创新性的，在以用户为中心的设计理论指导下，使用不断发展的先进技术，实现具有良好交互性和美观性的艺术设计活动。

　　台湾 and*and 巧克力森林网站（www.andand.tw），网页是儿童插画风格，为母亲节促销的新品页面象神奇的儿童花园寻宝之旅，生动有趣的卡通图形和精美的食品图片带给浏览者美好的童年回忆，赏心悦目的美味仿佛能即刻含化在口中。追随探索的脚步，底部出现了页内导航和主导航。如果不是美妙的故事性和引人入胜的视觉带来的味觉感受，用户很难接受这种把重要导航置于页面底端的"忽视"态度。

台湾and*and巧克力森林

　　网站的信息丰富、结构复杂，Web导航的种类和功能各不相同，这就要求多个导航系统合理布局，协同实现站点的导航功能，增强网站的易用性。清晰的Web导航要使用户了解网站的主题是什么，在保持明确的方向感的同时，有效地获取所需的信息。"在一个好的Web设计中，最重要的两个因素就是重复和清晰。应当无需访问者努力找出如何使用网站的导航系统，并明确他们在网站中的哪个位置，以及是否还在你的网站中或者已经跳到了其他网站。"[9]

　　Beats音乐应用主要的优势在于设计。主打各种符合用户情境需求的音乐歌单。比如用户可以说自己正在干什么、和谁在一起、需要什么风格的音乐，然后由应用提供相应的歌曲列表。这种需求按说是相对复杂的，有时用户自己也不太了解此时此地究竟需要何种类型的音乐，这时Beats极具艺术性的导航系统就派上了用场，不多说，如图所示。

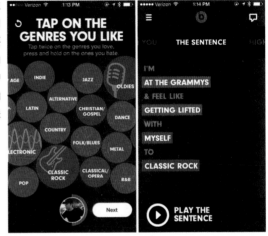

Beats音乐APP

　　导航的重复性不是站点中所有页面导航机械的一成不变，而是导航的视觉统一性和延续性体现在各信息层级之间微妙且可预测的变化。重复性使用户熟悉并适应网站的导航机制，掌握信息的架构和布局。导航的重复性还指同一链接指向的导航的"重复"设置，例如：图像导航和文本导航结合，多屏页面顶端和底端导航的多次设置等方法。

　　多乐之日蛋糕店网站（www.tljchina.cn/Products），产品切片蛋糕页面，主导航在页面最顶端设置，同时在页面左侧底端也进行了重复设置。不管产品介绍内容多长，在第一屏和最后一屏都可以进行主栏目的跳转。

多乐之日蛋糕店

在网页设计中，许多导航系统在页面中会重复出现。例如，除了由图形构成的导航系统外，还应设置与之相应的文本导航，增加网站的可用性。那么，返回首页有几种常用导航方法呢？

- 通过网站标识logo；
- 顶端全局导航或实用性导航中的"首页"（Home）文字；
- 最底部重复主导航菜单文字链接中的"首页"（Home）文字；
- 面包屑导航层级中的"首页"（Home）文字等。

Arden建筑楼梯公司网站（www.arden.net.au）中，每个页面通过网站的标识、主导航中的"home"菜单以及底部"Home"链接文字都可以使用户轻松地返回到首页。

Arden建筑楼梯公司网站

此外，较长的页面底部通常会设置主要导航菜单的文字链接、"返回首页"（Home）以及"返回顶部"（Top of page）的文字链接。虽然，大多数用户更倾向于在页面顶部寻找导航菜单，但页面底部备用的导航链接也是必不可少的，它提高了网站的易用性。APP也经常在界面底部放置导航菜单。

LOFTER是网易的一款简约、易用、有品质、重原创的博客工具及原创社区。LOFTER追求精致入微的视觉和交互体验，推崇纯粹的内容主义，这在其页面的色彩搭配上得以体现，另外，简洁的排版给博客作者一种个性化的自主选择的创作氛围。4个最常用的功能按钮被整体放在底部导航栏中。

LOFTER

1.9 隐 喻

我们常识中的隐喻（Metaphor）是比喻的一种修辞手段。英国作家瑞恰慈（I.A.Richards）认为，隐喻用来表述两个要素之间的关系。通常包括：本体（Topic Term）、喻体（Vehicle Term）和喻底（Tenor）。本体是隐喻所要描述的对象，喻体是从另一语境中带来的含义，喻底是隐喻中本体和喻体之间暗示的相似之处。隐喻使词语脱离其常见语境，从而将其意义转入新的语境。20 世纪 80 年代以来，隐喻是认知语义学研究的焦点，被认为是人类认知的一种重要方式。

由于软件本身过于抽象，对于软件中术语的理解就更难了，而隐喻则是软件术语命名的有效方法之一。比如：软件系统桌面（Desktop），用日常生活中书桌的桌面比喻用户把常用软件快捷方式、文件、文件夹等放置的视觉化的图形环境。"图形环境"是本体，"桌面"是喻体，喻底是可视化的摆放日常物品的方式。这个隐喻使"图形环境"从计算机软件的语境转入到"桌面"这个人们熟知的日常生活语境。如果能够恰当地利用隐喻命名抽象、晦涩的概念，那么这个术语就会更加生动、鲜活，容易被用户理解并使用。

"在交互设计中，隐喻交互模型的建立是联系用户意象模型和设计师意象模型的关键所在，通过找到两个模型中产品的共有特征，并将特征用设计语言表现出来，与用户进行沟通，从而让使用者最迅速地理解和掌握产品的结构、功能、使用方式等信息。" [10] 可以说，隐喻的应用范围非常广，目前，在产品设计、服务设计、信息设计、交互设计、视觉设计等诸多交叉领域，隐喻已经成为以用户为中心的设计手段。而隐喻在交互设计中的发展极大地拉近了人与人、人与物之间的距离。

用户对新的、陌生的、抽象的、复杂的事物认知，往往从已知的、具体的经验开始。软件产品并非人们日常生活中出现的物理产品那样看得见、摸得着，而利用隐喻，人们可以快速地领悟软件的涵义、功能和使用方法。

隐喻被用来将日常生活或以往体验过的认知经验运用到与产品的交互过程中。通过以往的认知经验，形成了认知的喻体，而对于交互产品的体验与分析，得出了本体和喻底。联想使以往经验与交互体验关联匹配，通过相同或相似的喻底来更好地理解和操控交互行为。隐喻的喻体要与所表达的本体的特征协调、适度，同时，利用隐喻时要注意产品目标用户的文化背景和使用情境。

UNCLE Dick's 移动应用模拟葡萄酒窖场景，其中钥匙、画板和木盒都是可以交互的元素；星巴克移动应用模拟把不同咖啡等产品摆放在橱柜中，等待用户进行选择。

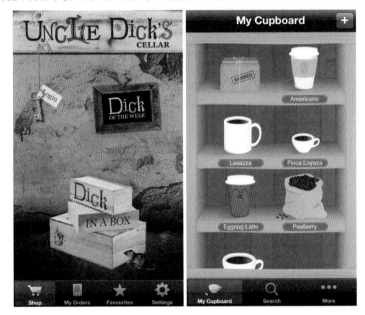

UNCLE Dick's移动应用　　　　　星巴克移动应用

交互设计流程根据 Jesse James Garrett 的策略层、范围层、结构层、框架层和表现层五个层级的划分：

- 在确定产品目标和用户需求阶段（策略层），设计者需要了解产品目标用户的文化背景、认知习惯、语义表达、知识结构等特征。如果用户具有相关的心理模型，设计者的意图就容易被用户理解和接收。在策略层常会用到术语隐喻，行为隐喻也是从这个阶段发展起来的。

- 在定义产品的功能规格和内容需求阶段（范围层），进行需求分析，确定功能元素特征，新产品的特点，哪些功能模块适合目标用户的记忆模型，需要从产品整体上把握使用隐喻的必要性和范围。行为隐喻是此阶段设计的重要方法，并延续到结构层。

- 在交互设计和信息架构阶段（结构层），对比用户的认知模型选择恰当的产品交互流程、信息层级及关联，使用户了解产品的信息系统的逻辑和操作流程。

- 在界面、导航及信息设计阶段（框架层），了解用户对原有产品或类似产品的使用经验，借鉴真实空间内物理产品的使用模式，提炼有价值的因素映射到新产品的设计中。功能、手势和音效隐喻需要在这个阶段设计实施。

- 在视觉设计阶段（表现层），将构思和概念视觉化，使设计师的图形表现与产品特质以及用户预期相匹配。通过把界面中的视觉元素和人们熟悉的日常生活经验联系起来，用户就可以更容易理解它所代表的涵义和功能。品牌隐喻在这个阶段采用地更加充分。

一个摄影作品网站模板，模拟照相机的圆形镜头，沿圆形排列照片和导航按钮。以图片摄影相机按动快门瞬间，镜头的开合转场展示图片，同时配有快门运动的"咔嚓"声。

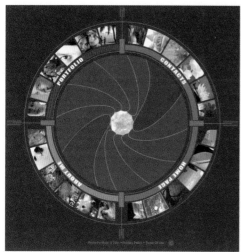

某摄影网站

人机交互与人类直接感受真实存在的外部世界不同，不必用到所有的感知系统。只有适当的隐喻才能带来良好的用户体验。用户使用互联网的心智模型来源于日常的真实生活以及使用其他软件的经验，并与电脑、手机等电子产品的结合。网络服务中隐喻用的比较多，通过经验联想到新事物，实现自然交互的目的：

- 电子购物网站的流程设计模拟了人们逛超市的过程中搜索商品、挑选商品、放入购物车、结账等行为。
- 在交互方式上，我们滑动手指实现翻页效果，两指弹开或收缩实现页面的放大和缩小等等。
- 在功能设计上，在黄色的即时贴上记录备忘信息，滑动收音机滑块来更换频道，用购物车放置所选购的商品等等。

网页界面设计中常使用隐喻的方法，从生活中提炼人们习以为常的元素，方便用户掌握界面的使用方法。例如：

- 在图标设计上，放大镜代表搜索、指南针代表导航、扳手代表工具等等；
- 交互界面中按钮模拟真实生活中按键的按下和抬起的状态；
- 电子书模拟真实生活中书籍的翻页效果；
- 电子播放软件的界面模拟物理播放器的光盘入仓、播放转盘等形态。

James Joyce 网站（www.jamesjoyce.co.uk），在其商店（Shop）页面，售卖的海报用报夹挂起来，T 恤也用衣架挂起来，模拟商场售卖的现实环境，增加了真实感和趣味性。

James Joyce网站

通过隐喻体现了设计者的思想和知识背景，它带有时代、文化的特征。隐喻依赖用户拥有和设计者相似或一致的联想方式。用户通过把不同事物与其熟悉的事物联系起来，利用推理的高效方式来理解和掌握隐喻的本体，如果在这个过程中，用户没有与设计者相似的文化背景，就可能导致隐喻失败。即便有相似的文化背景，也有可能因为用户使用情境、内心预期和喜好产生误解。

> 一个运动游戏中一个少年射击的图标，我们很自然地联想到射击比赛项目，而笔者的外国同行却以为这是我国社会培训战士的软件。

"隐喻固然可以彰显某些信息，却是以剔除其他信息为代价的。注意力的调整、过滤和挑选，本身就意味着原始信息的削减，难免会在理论和经验方面产生负面影响。"[11] 通过放大并视觉化某个事物特征或借用具有相似特征的熟悉事物的形象，用户可以快速识别事物的功效。但这只是交互设计中的一小步，如何脱离物理、空间、逻辑的限制，系统地规划整个交互流程才是核心。

若把隐喻的功能比喻为垫脚石，用户借助直觉和经验发现事物之间的联系，习得新的事物，并适当地脱离垫脚石，从而学习获取新的经验。如果垫脚石的高度不够、位置不对，用户就无法正常理解新事物；如果垫脚石固定死板不具备扩展性，不能随本体发展规模或复杂性改变，那么它就失去了作用甚至成为用户认知的绊脚石。

在交互界面中的视觉隐喻，采用描绘用途和特征的图像，从工具箱中的按钮、软件或应用的图标到沉浸式的界面。沉浸式的场景模拟真实的物理世界，使用户更大限度地理解软件界面和功能。"隐喻界面的最大问题在于，它们将界面与机械时代的人工制品束缚在一起。"[12] 完全套用物理空间的设计界面，虽然可以使用户快速了解应用场景，但导航的繁复会使熟练用户对丰富的图形界面产生烦躁的情绪，反而希望交互更加直观简化。

Trip Journal 是一个旅游 APP，可以记录旅行时的日志、照片、随行感受等，可以通过 GPS 同朋友们分享，让他们知道你现在身在何处。拟物化的设计风格让你感觉像在翻阅一本羊皮卷轴，虽然稍显凌乱，但趣味十足。

Trip Journal

隐喻是交互设计中常用的设计方法。有效地利用隐喻可以提高软件的可用性，从而改善用户体验，以用户熟知的生活体验增强在虚拟空间中交互的信心和行为能力。

1.10　设计模式

设计模式是特定情境下解决一般问题的最佳方法，是设计中的最佳实践，是能够被测试、评估、验证的可重复性方案。最早由美国建筑师科锐斯多夫 艾历克斯奥洛林（Christopher Alexander）在其著作《建筑的永恒之道》（The Timeless Way of Building）、《建筑模式语言》（A Pattern Language）中提出模式语言的概念。

设计模式有以下几个特点。

- 一、可实施性：认识一个模式后，知道该如何做；
- 二、准确性：在设计中明确地判断该模式是否存在；
- 三、积极性：定义了非常优秀的设计目标，而不是"不要做某事"这种含混的表述形式；
- 四、灵活性：实现某个设计模式不只有一个解决方案。

设计模式在实际应用中，为了表述的清晰性与使用的便捷性，往往会以规范的文档形式进行呈现。

用户体验设计专家罗伯特 郝科曼（Robert Hoekman, Jr）和杰瑞德 斯布（Jared Spool）在《网站设计解构——有效的交互设计框架和模式》（Web Anatomy: Interaction Design Frameworks that Work）中提到设计模式的首要好处就是，用户能够将自己在某一个网站上的体验转化为通用的操作经验，运用到其他所有使用相同模式的网站中。而充分利用用户习惯的体验，将降低不确定感带来的惶恐和混乱，提高信息搜索的效率。

设计模式有以下一些通用要素：

- 模式名称（Pattern Name）：选择一个明确的描述性的名称，以帮助人们查找此模式，并促进在设计讨论过程中小组成员之间明确的沟通。
- 模式说明（Pattern Description）：由于模式名称像"一窗式明细"一样较短，有时不足以描述此模式，一些附加的注释（或规范截图）将有助于说明模式是如何工作的。
- 问题陈述（Problem Statement）：以用户为中心的语言描述，传达用户希望实现什么或最终用户面临的挑战是什么。
- 使用时间（Use When）："使用情境"是设计模式的重要组成部分。该元素帮助人们了解设计模式适用或不适用的使用情境。
- 解决方案（Solution）：解释"如何"解决问题，包括说明性清单、截图，或展示模式运作的短片。
- 原理（Rationale）：解释设计模式如何加强解决问题，然而时间急迫的开发者可能会忽略这个解释。
- 示例（Examples）：每个示例都显示出设计模式是如何被成功应用的，通常伴着一个截图和一段简短说明。
- 评论（Comments）：为小组成员提供一个空间来讨论设计模式的应用，用于保持资源更新和团队协作。

设计模式还可能包括：实施规范（Implementation Specifications）、可用性研究（Usability Research）、相关模式（Related Patterns）、相似方法（Similar Approaches）、源代码（Source Code）等要素。

在以用户为中心的界面设计中，导航设计模式也属于交互设计模式范畴。而交互设计模式是基于特定情境、目标用户的，它不仅涉及信息架构、视觉设计元素以及系统对用户行为的反馈，而且更关注用户的体验。《About Face 3 交互设计精髓》一书中提到"每个模式的核心在于表现对象之间，以及表现对象与用户目标之间的关系。模式的精确形式在每个设计方案中都会有或多或少的差异，定义模式的对象自然因产品领域而各不相同，但对象之间的关系基本保持一致"。[13] 交互设计师通过建立共同的交互用语，提高效率解决新的设计问题。

设计模式网站（patternry.com）中，提供大量的关于 Web 导航的设计模式，就设计模式解决的问题、适用情境、如何使用、为何使用、可及性、资源、链接、代码、示例、评论等进行了描述。只有充分理解 Web 导航的设计模式，才能摆脱闭门造车，进行灵活高效地设计。

patternry设计模式网站

第 **2** 章

界面导航系统的分类

提示: 本书所指"界面导航"包含 Web 导航和 APP 导航, 目前 Web 导航技术和理论已经非常成熟, 而 APP 导航由于近几年才开始兴起, 所以其相关理论和技术处于高速发展期, 同时相对不太稳定。本章内容的理论基础多半基于 Web 导航理论, 其中部分可以被 APP 导航借鉴并应用, 更为完整的移动平台的导航设计, 请参考本书最后一章。

不同类型的导航系统在网站/APP中扮演着不同的角色。导航的类型决定了其功能和目的，浏览者了解既实用又美观的导航类型，有助于明确自身定位并找到前进的方向。"面对结构复杂的信息内容，有可能需要衍生成多类导航的形式。导航条之间或许存在有上下级关系，或是同级不同类的情况。设计师将根据多导航间的关联性，尽量使页面设计为合理地运用多个导航系统而服务。"[14] 导航分类的目的是为了让设计师明确导航的内容和意义，如果刻板教条地进行创作，反而违背了作者的初衷。

导航的功能和目的以及导航的布局和交互效果。一般，导航可归为以下三类：结构性导航系统、关联性导航系统、实用性导航系统。

2.1　结构性导航系统

结构性导航系统（Structural Navigation System），按照网站/APP信息的层级结构划分，包括：全局导航和局部导航。通过结构性导航系统，浏览者可以在各主要层级信息点之间移动。

2.1.1　全局导航

全局导航（Global Navigation）也称为主导航（Main/Primary Navigation），全局导航包含网站信息体系结构中最基本的关键点，通常是网站/APP的一级菜单，同搜索引擎类似，除了最末端的详细页和表单提交页，全局导航也会出现在每个页面顶部的显著位置。不论浏览者到达网站的哪级页面，都可以通过全局导航迅速地跳转到其他方向信息的基点。

苹果公司网站（www.apple.com/cn）首页顶端为全局导航和搜索引擎。无论是从上到下的阅读习惯还是深灰底反白的对比，全局导航都是格外醒目的。

苹果公司中文网站

Shopkick.com 是一个购物 APP，其设计风格浓墨重彩，绚丽花哨。看起来貌似与目前的扁平化设计趋势不搭，但是仍旧拥有大量拥趸。可以看到，无论在哪级页面，其全局导航始终屹立在界面最底部。

shopkick

2.1.2 局部导航

局部导航（Part Navigation），也称为副导航（Sub-navigation），局部导航是全局导航的延伸。它展示当前页面与父级、子级、子子级页面之间的关系。有的局部导航采用 Ajax 技术，当光标滑过全局导航时显示在全局导航菜单下方，有的局部导航直接布局在页面左侧、全局导航之下，当浏览者选择不同的全局导航菜单项时改变相应的局部导航的内容。而受屏幕尺寸限制，APP 的局部导航通常是隐藏的，须滑动等操作才显示出来。

法国巴黎视觉传达艺术学院网站（www.ecole-intuit-lab.com），全局导航下方左侧为局部导航，当浏览者选择不同的全局导航栏目时，局部导航相应改变，页面中的信息内容也随之改变。

法国巴黎视觉传达艺术学院网站

2.2 关联性导航系统

关联性导航（Associative Navigation），跨越网站的各个层级，使浏览者可以在不同主题的页面之间跳转。关联性导航包括：上下文导航、面包屑导航、辅助导航、锚点链接、页脚导航、快速链接等。

2.2.1 上下文导航

上下文导航（Contextual Navigation）在文本段落之内对文章中的关键词汇提供相应注释。上下文导航（也称为：内联导航），是嵌入页面自身内容的一种导航。例如，当浏览者阅读网页内的关于 2014 年时尚流行趋势的文字信息时，其中提到了几个著名的服装、服饰品牌："BALLY"、"DKNY"、"TIMEX"等，并为这些品牌的文字设置了超链接，分别跳转到相应品牌站点或站内介绍页面，这种导航就是上下文导航。上下文导航应该选择文本内容中的关键词汇，不宜泛用、滥用，否则将导致文章中到处都是信息跳跃点，易引起浏览者的思维跳跃产生混乱。

NET-A-PORTER 女性在线购物网站（www.net-a-porter.com），在其帮助文档页面，正常陈述的过程中设置了文本的上下文导航，例如，邮箱地址和实习招聘的文字都设置了超链接。

NET-A-PORTER女性在线购物网站上下文导航

上下文导航还有一种特殊的形式：适应性导航（Adaptive Navigation）。适应性导航能够体现不同的浏览者行为引发的页面内容的变化。例如，在在线购物网站中，当你选择了某类型的商品，页面马上发生变化，在一个特定区域中出现：购买此商品的用户还购买了……或者直接列出了诸多同类型或题材的商品。

奈卜特女性在线购物网站（www.net-a-porter.com），当用户选择特定商品时，商品大图显示的下方会出现不同的配饰，用户就有可能进一步选择相应的配饰商品，既方便了用户，又增加了销售机会，同时充分体现了以用户为中心的设计原则。

奈卜特女性在线购物网站详细页

2.2.2 面包屑导航

面包屑（Breadcrumb Trail）导航提供了一个当前页面在整个网站中位置和路径的文字描述，适用于信息架构复杂的网站。面包屑导航表明了用户的导航轨迹，设计简单，文字内容前后关联，是一种简洁、高效的导航工具。

> 面包屑导航名称的由来：据说，一个恶毒的继母每天把前任的孩子赶到丛林中玩耍，希望兄弟俩走丢不再回来。两个孩子非常聪明，沿路撒下面包屑，避免了迷路走失。

面包屑导航表明的是信息路径的关键节点，此导航通常出现在详细页中的全局导航之下、局部导航之右、页面具体内容之上。由于页面中通常有全局导航和局部导航以及页面内容的主题名称，所以，面包屑导航是整个导航系统中的辅助环节，用来补充主要的导航系统。面包屑导航不只是显示当前页面的路径，同时，浏览者点击路径中的层级名称，可以跳转到首页或路径中的各级页面。

青蝇时尚营销网站（www.bluefly.com），当用户浏览商品时，面包屑导航提供的路径表明了商品归属的层级关系，是主要导航系统的补充，能够使用户清楚地知道自己所在网站的深度和位置。

青蝇时尚营销网站面包屑导航

2.2.3 步骤导航

步骤导航有时与面包屑导航外观相似，而步骤导航更多的是体现操作过程的方向和其中的各个关键环节。

大型在线购物网站京东商城（www.jd.com），当用户选好所需商品进入结算流程时，页面上方右侧出现结算的步骤导航。

京东商城结算步骤导航

DWELL 移动 APP，数字标明购买杂志的步骤，通过数字、文字和图形引导用户进行操作；eXpresso Lite 移动 APP，垂直排列选项，水平展开其子项，随着用户选择，一步一步完成购买咖啡的操作。

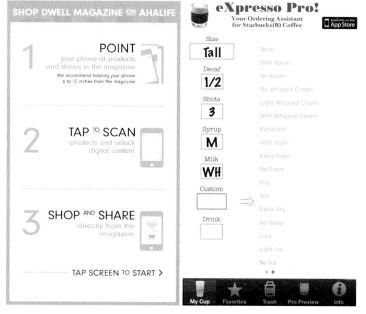

DWELL移动APP　　　　　　　eXpresso Lite 移动APP

2.2.4 辅助导航

辅助导航（Assistant Navigation）与实用性导航不同，前者侧重于网站所有者的事业性信息，后者侧重于网站用户的实用工具。由于网站信息或需求不同，两者的个别导航项在布局上可能调整位置。辅助导航一般包括：新闻、大事记、职位、新品推广、店铺分布等栏目。

通常，辅助导航放置于相对于主要导航次要的位置，布局在页面左侧，二级导航菜单之下的位置。辅助导航在视觉上没有二级导航菜单突出，设计风格上既要与二级导航菜单有一定延续性，但又要相区别。另外，还有一些网站把辅助导航的内容布局在实用性导航区域或页脚导航区域。

阿塞色斯女性时尚营销网站（www.accessorize.com），早期的辅助导航布局在页面左侧二级导航菜单之下，如今，辅助导航的内容布局在页脚导航区域。

阿塞色斯女性时尚营销网站辅助导航（左：早期页面，右：当前页面）

2.2.5 页脚导航

页脚导航（Footer Navigation），顾名思义，位于整个页面的底端，常以简洁的链接文字形式出现。一般，页脚导航文字的字号比正文小，文字在保证可识别的前提下颜色略浅或者和背景的反差不强。

页脚导航通常包括：声明链接、联系方式、打印、咨询、反馈、帮助等内容。

实际上，很少有人会浏览页脚导航的内容，人们大都知道页脚导航中出现的是管理、运营、声明信息，在需要的时候才会在页面底部查找。这种导航在 APP 中不多见。

声明链接通常包括：法律声明、商标声明、版权、著作权声明、隐私声明、免责声明等内容。虽然声明链接不是用户的常用信息，但却是必不可少的。这些声明有利于维护知识产权，减少纠纷，保障合法权益。

百思买在线购物网站（www.bestbuy.com），在页脚导航内容中包括：订购及产品支持、各项法律声明、公司信息、联系方式等，最大程度地满足了用户放心购物的心理需求。

百思买在线购物网站页脚导航

2.2.6 页码导航

页码导航（Page Number Links）一般存在于大型网站，大型网站包含一些不同类别的海量信息，如果只用一个页面显示，滚动条过长不方便用户查看，可以把它们拆分成用数字页码标示的网页。

页码导航一般出现在搜索结果的详细信息列表页或者消费类网站的产品详细页，对相关信息页面的总体页码顺序排列，允许用户直接跳转到相应页面。对于内容相关、延续且大量的信息，一般会设置"前进"（next）和"后退"（back）按钮，以及直接输入页码的文本框进行跳转。例如，在商品列表详细页的顶部和底部，都设置"第 n 页／共 m 页"、"上一页"、"下一页"、"第一页"、"最后一页"，还有可以直接输入页码数字的文本域。

耐克在线购物网站（www.nike.com），在其产品页的左上角和左下角设置了页码导航，标明了共多少件商品、当前页中的商品位置、"上一页"、"下一页"按钮及页码。

耐克在线购物网站页码导航

2.2.7 快速链接

快速链接（Quick Links）用来显示重要但不适合出现在全局导航中的内容，一方面，这些信息内容可能比较散；另一方面，这些信息可能需要及时更新。快速链接一般布置在页面顶部两侧的位置，常以下拉列表或动态滚动的菜单形式出现。

新闻站点利用快速链接跳转到即时新闻大事件的详细页，营销站点利用快速链接跳转到促销新品的广告页，行政站点利用快速链接跳转到气候、地理或法规等内容页。

香港理工大学网站（www.polyu.edu.hk），页面右侧布置了快速链接，用户可以迅速链接到成就、科研、通知等信息页面。

香港理工大学网站快速链接

2.2.8 友情链接

友情链接（Friendly Links）提供一组跳转到站外其他站点的链接，通常这些链接的网站是与本站点内容相关联的、互补的，比如可能是本站点在行业领域内主管机构的网站，还可能是密切相关的同类型的或竞争对手的网站。

友情链接近年来比较流行采用下拉列表菜单，通过组件的形式提供同类型几个网站的超链接。有些网站把友情链接文字或图像按钮排列在页面右侧，或者以标志加标准字的形式排列在页面底部。如果是用户经常使用的网站，对其标志非常熟识，例如：微博、腾讯，那么直接列出标志即可。友情链接一般不会放在页面非常重要的位置。

英国 DK 出版公司中国网站（www.dkchina.com），友情链接以标志和标准字组合成的按钮形式排列在首页底部。为了使其排列整齐，甚至不成比例地调整大小造成变形，这点是不可取的。如果细节处理不到位，过多不同标志的颜色、形状及风格会使页面过于花哨。

英国DK出版公司中国网站友情链接

JACK JOHNSON网站(jackjohnsonmusic.com)，首页模拟旧木架上放置一些与网站相关的老物件，风格独特具有情境感。如果直接把友情链接的Logo放在页面上必定破坏现有画面的整体性，设计者把友情链接的每个Logo统一成旧邮票的风格，颜色也统一为网站采用的饱和度低的粉蓝色，以便与网站整体风格相协调。

JACK JOHNSON网站

ARCHIKON网站（www.archikon.nl），标志的标准色为灰和粉蓝，建筑设计公司的风格简洁别致。友情链接的各个标志排放在一屏页面右下角，以粉蓝标准色为底，深灰色表现这些标志的形状，使其融入整体的设计风格。

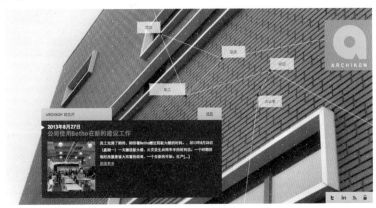

ARCHIKON网站

2.2.9 锚点链接

锚点链接（Anchor Links）也称为跳转链接（Jump Links），用来跳转到页面的精确位置上，常用在长于两屏的在线教程或文学作品页面。如果锚点链接发生在本页内部，锚点链接也称作页内导航，在页面顶部和底部都会出现提供内容章节或概要的链接。另外，锚点链接还可以在不同页面间进行精确定位的跳转。

互动百科网站（www.hudong.com），常常需要在同一页面之内全面地解释一个词条，内容超过两屏，页面上部为各个标题段设置锚点链接，单击标题名称即跳转到页面中具体的相应段落部分。

互动百科网站锚点链接

2.2.10 标签云

标签云（Tag Cloud），看似拒绝传统导航意义的标签云，实质上也是一种导航方式，根据浏览者关注度动态显示标签内容。使用频繁、出现较多的标签，字号就越大越显眼，相反，出现较少的、关注度小的标签，字号较小。"标签云是一种相当有趣的导航类型，因为它们利用标签字型的不同大小来暗示主题的重要性。"[15] 标签云常用于论坛或社区中显示目前大家所关注信息点的寡众，并提供链接。

PRNewswire 网站（blog. prnewswire.com），博客页右侧热门话题栏目设置标签云，根据用户对相关主题的关注度来定义关键词的字号。

PRNewswire网站标签云

2.3　实用性导航

实用性导航（Utility Navigation）一般包括标识链接、搜索引擎、语种或地域导航、网站地图、帮助、关于我们、联系我们等协助浏览者的内容。在线购物型网站中的实用性导航还包括：注册、登录、购物车、账单、服务条款等内容。首页（Home）文字也常会出现在这个系统中。通常情况下，实用性导航放置在页面顶端右侧位置。

2.3.1 标识链接

标识链接（Logo Link）作为网站的导航系统是可以被浏览者直观感受到的。标识链接由网站或产品的 Logo、名称缩写和域名构成。"公司的名称和徽标应出现在每张网页上，这样，无论人们怎样进入系统，都会很清楚该系统的所有者。"[16] 尤其是针对从"谷歌"（google）、"百度"（baidu）等搜索站点直接跳转进入的可能性，标识视觉要素需要在每个页面都要体现。按照从左到右语系的阅读习惯，网站的标识在站点视觉系统中的地位最高，一般放置于页面顶端左上角、居中或右上角，明确地告诉浏览者所在的站点，并且不断重复、强调浏览者的识别感受，即使用户是通过搜索引擎进入站点的详细页，也能明确自己的位置，并通过页面中的标识链接跳转到网站首页。

　　可口可乐公司网站（www.coca-cola.com），左侧为可口可乐经典瓶形图像，中部为区域、国家选择菜单，右上方为可口可乐标志，耀眼的标准红色反白，在整体页面中的比例较大，配以标志周围大面积的空白，使得可口可乐形象格外醒目。

可口可乐公司网站标识链接

Allrecipes Dinner Spinner 是世界著名的美食网站 Allrecipes.com 所提供的一款 Android 平台应用。Dinner Spinner 应用的操作流程、交互模式都很简单，界面中你只要看到大图标、大文字都可以直接点击进入，用户能很轻松地完成任务流程，整个体验过程都很顺畅。

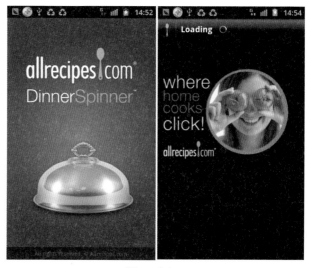

Dinner Spinner

2.3.2 语种或地域导航

为了适应国际化的需要，许多站点都提供不同语言版本的页面；还有一些站点，尤其是营销类站点，根据世界各地不同的市场需求，提供不同地域的商品展示。语种或地域导航一般采用以语言或国家名称的字母顺序排列的下拉列表形式，为了增加良好的视觉效果，一些站点也采用世界地图的区域选择形式。

爱普生公司网站（www.epson.com）提供了多个本地化的站点，浏览者既可以通过左侧的国家名称菜单选择也可以在世界地图上选择相应的区域。

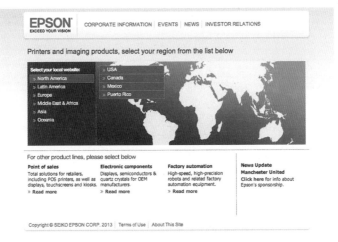

爱普生公司网站地域导航

英国 DK（Christopher Dorling & Peter Kindersley）出版公司网站（www.dk.com）的封面页，用户可以单击旗帜来选择进入 DK 公司在不同语言国家区域的出版机构。

英国DK出版公司网站地域导航

语种或地域导航目前已经越来越少了，除非一些特殊要求的网站（比如有些用户需要在母语之外的地域访问母语版网页）。大多数网站可以通过技术来自动判断用户所处地域从而自动选择语种，对于移动平台来说，可以更精确地通过 GPS 等手段判断用户位置，所以更加无需提供这种导航了。

2.3.3 搜索引擎

搜索引擎，帮助用户直接查找获取有序、精确的可参考信息。除了提供搜索服务的网站，大型信息类网站、销售类网站、文化公益行政类网站等都把搜索引擎放置在页面上方比较重要的位置。

亚马逊在线购物网站（www.amazon.com），把搜索放在页面顶部中间突出的显要位置，方便用户查找所需商品。

亚马逊在线购物网站搜索引擎

搜索引擎作为推广品牌、促销商品、展示信息的主要手段，是重要的网络营销工具。通过搜索的高级查询、优化算法、过滤关键词、提供网页快照来缓存页面，并根据用户的搜索历史来进行结果整理和排序，使搜寻结果更加精确，提供更多有参考性的信息，从而，更加有效地帮助用户来过滤和查找所需内容。

乐铺网站（www.lepu.com-whatnew），在线销售各种创意产品。顶部通常摆放主导航的位置让给了搜索引擎。并且提供了"给朋友"、"给家人"、"按价格"、"按材质"的高级查询，使搜索到的产品更加合乎用户心意。

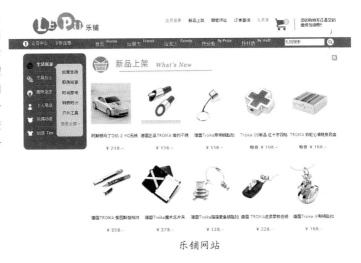

乐铺网站

搜索引擎能够拓展潜在客户，开阔品牌的知名度，是提供网络用户市场调研的有效方法，是品牌推广和促进销售的重要途径。一般除了枝节的详细页和表单提交页，搜索引擎通常设置在每个页面的显著位置，方便浏览者使用。

臭豆创意市集网站（www.choudou.com），集合了社交和销售功能。搜索引擎布局在页面中非常醒目的位置，提高了用户获取信息的效率。

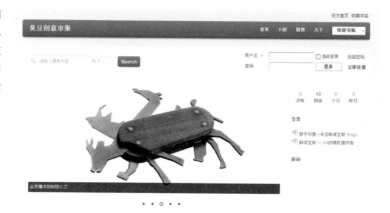

臭豆创意市集网站

在移动平台中，几乎每个 APP 都会提供搜索引擎导航，有的直接在界面中提供搜索框，有的提供一个约定俗成的搜索小图标，点击进入搜索页面。

京东 APP 的抬头放置了一个通栏的搜索框，无论访问到哪里都可以方便地查询需要的商品。

京东

2.3.4 网站地图

网站地图，常占用独立页面表明整个网站的全部内容分类或层次结构。网站地图包括：结构类型、目录类型和字母索引类型。

- 结构类型地图按照网站信息体系结构绘制，名称与导航菜单一致，有层级递进感；

- 目录类型地图用于产品或文化分类索引，内容层次关系体现的不明确；

- 字母索引类型地图常用于产品品牌或词典条目按照英文字母顺序排列，也不体现内容层次关系。

一般来讲，网站地图系统会设置单独页面。

英国 DK 出版公司英国网站（www.dorlingkindersley-uk.co.uk），其网站地图为目录类型，它没有表明网站的信息层次结构，而是按照用户寻找信息的类型划分的。

英国DK出版公司英国网站地图

结构类型的网站地图提供浏览者一个清晰、简明的网站信息组织结构，通过各层级栏目名称可以链接跳转到相应页面。尤其对于信息量较大的复杂站点，结构类型的网站地图能使信息结构一目了然地呈现在浏览者面前，但由此也可能带给浏览者索然无味的感觉，所以，并非所有站点都有设置网站地图的必要。

壳牌网站(www.shell.com)，网站地图属于结构类型，采用各级导航栏目的名称布局网站的信息层次，网站结构清晰明了。

壳牌网站地图

索引导航类似于书籍中的索引列表，通常按照英文字母或时间顺序排列，并提供到站内相关内容页面的链接。索引导航不会重复与结构类型的网站地图相同的组织内容，前者侧重于网站中某个局部信息块的整理，而后者侧重于整个网站的结构组织。对于中文的在线购物站点，索引导航可能按照笔划顺序、汉字拼音相对应的英文字母、时间顺序或品牌的字母顺序进行排列。

纽约时报（www.nytimes.com），其网站地图页面按照时间顺序检索新闻。

纽约时报网站地图

第3章

导航的基石——结构层

信息体系结构就是建立在符合站点目标、组织站点内容、满足用户需求基础上的信息分类系统。信息体系结构是 Web 导航的基石，没有合理明晰的信息构架也不可能产生具有良好用户体验的视觉化 Web 导航。

3.1　信息构架

"信息构架是需要在建造网站一开始就考虑的。需要弄清楚怎样把这些内容和功能构建起来：怎样组织它们的关系，怎样标注，怎样引导用户通过界面达成他们的目标。"[17] 信息体系结构是导航的基石，是导航的重要组成部分。优化的信息体系结构会让浏览者层层深入、印象深刻、流连忘返，相反，糟糕的信息体系结构会让浏览者处处碰壁，渐渐灰心。

大到整个网站的功能模块、小到每个栏目的内容编排，都涉及到信息的组织和分类。清晰的网站结构对于浏览者是非常重要的，用户如果可以感知自己能够"Hold"住，信心和愉悦感就会大增。

- 例如，对于服务类型网站，我们把服务蓝图简单划分为"用户和网界界面交互"以及"网站界面和专业运营人员交互"两部分，界面中呈现的信息分类必然以网站所服务的用户为目标；

- 如果用户就是机构内部的专业人员，大家的认知和沟通有共同的语言体系，那么界面信息分类必然体现其行业内部的专业性，其他一般的浏览者是很难理解的，甚至也没有权限登录使用；

- 如果用户是非专业的普通受众，界面信息分类则需要以他们能够理解和习惯的方式来进行。

大型复杂的机构一般都设有外网和内网两部分，每部分都设置不同的权限，信息分类的复杂性可见一斑。

3.1.1　信息结构图示

信息构架决定了 Web 导航间的关联。有些相对内容量较小、信息关系简单的网站，通常信息的各个栏目都只与首页关联，用户就无法直接从一个栏目跳转到另一个栏目，必须先从某个栏目返回到首页，再从首页跳转到其他栏目。而一些内容量大，信息之间的横向、纵向均有关联的网站则不适合上述结构，各个栏目不仅可以返回到首页，它们之间还支持多重跳转。

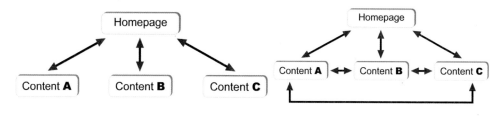

页面导航的关联

在信息构架的过程中，常常会面临两难甚至更多的选择。比如，是根据所属关系组织结构还是以产品类型组织结构，亦或是有必要做到可以根据用户操作来改变信息结构的呈现方式。

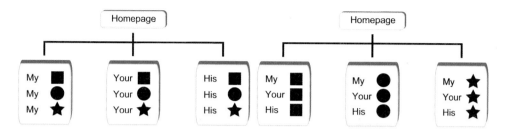

信息结构的组织方式

在实际工作中，信息分类不会如此简单容易，大部分信息在理解和归属上都有重复和交叉，并不存在单一的清晰界限。但始终以目标用户的需求为导向，重复交叉最少的分类方法是首选目标。

网站构建中的信息体系结构设计用来把信息和功能组织起来，建立明确的相互关系。绘制网站结构图是信息构架师、交互设计师、平面设计师、客户以及项目组成员沟通的有效方法。

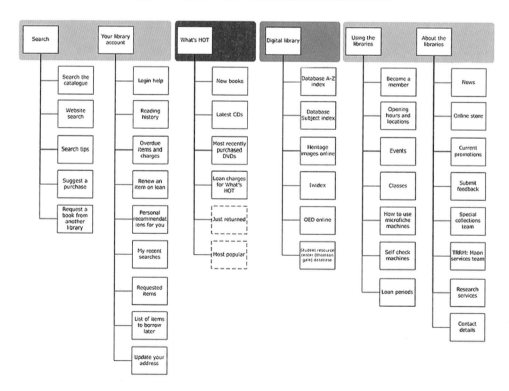

信息架构图示例

3.1.2 卡片分类法

信息构架常用到卡片分类法（Card Sorting）。卡片分类法是一种用来了解目标用户如何理解概念和类别、如何描述信息及归属类别的方法。主要分为开放式卡片分类法和封闭式卡片分类法两种。

- 开放式卡片分类法是指，首先发给人们一些写有条目的索引卡片，然后要求他们根据自己的理解把卡片划分不同的类别并描述其分类的依据的方法；

- 封闭式卡片分类法是指，首先发给人们一些写有条目的索引卡片，这一点与开放式卡片分类法一致，但同时还要告诉他们一系列已经划分好的类别，然后要求他们把这些卡片放到预先设定的类别中。

卡片分类法实施

卡片分类法需要在卡片上出现一个简短的标题。"这个标题应该具备以下特征：便于参与者理解，准确表达内容，清楚拼出任何缩写词和行业术语。"[18] 除了标题以外，还需要一些精炼的信息对标题进行扩充、深入地解释和描述。最常见的分类方法有：主题、任务、时间、位置、字母、数字、受众等（可参考本书 4.2 节）。

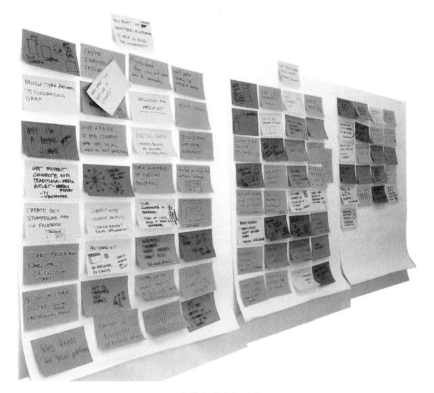

卡片分类法即时贴

　　信息构架中，每个人对信息的组织都有自己的想法，继而产生若干不同的方式，对于类别的理解不同，定义的界限也不明确和唯一，最终造成标题的代表性不强、令人费解，甚至在信息的层次结构上也存在严重的分歧。人们的想法通常来源于其长期积累的社会经验，而信息构架师更要利用自己的专业经验。社会经验并非具有绝对的天然正当性，人们在测试中建立的分组也并不一定是他们希望在产品中真正使用的，信息构架师需要深入了解分类结果产生的底层原因，并进行独立的思考。

　　分析卡片分类的结果：

- 如果一张卡片被多人放置在不同的类别中，说明这张卡片的标题不够明确，人们只能根据猜测来放置，或者划分的类别重叠性严重，看似卡片放置在哪个类别中都说得过去；
- 如果卡片集中划分到少数几个类别中，不是因为这几个类别的确有更多的内容，就是这几个类别所涵盖的理解过于宽泛；
- 如果人们对卡片分类的结果与信息构架师的预期差异较大，信息构架就需要反思目标受众定位，测试过程中哪个环节处理不当了。

通过统计分析中和所有测试用户的分类结果，有助于发现更一致的、合理的信息结构。

3.1.3 信息构架案例

案例1：在线购物型网站

随着计算机与网络技术的发展，在线购物方式越来越被大众所认可。用户在初步确定需求以后，通过网上浏览、搜索商品信息、评价及比较商品品牌、价格以及网络商家的诚信度等等，决策是否购买并付款，这是在线购物的一般过程。如何吸引浏览者并把浏览者变成消费者是网络店家的主要目的。而网站的导航设计在引导浏览者的过程中，起到举足轻重的作用。

在线购物型网站能够减少中间商、物流仓储等环节，从而降低成本，增加运营商的收益。同时，消费者可以不受地域及时间限制，进行国内乃至世界范围内的购买消费活动。尤其是带有民族、地方特色的产品，很难被没有到过当地的人了解，更不会去购买，而在线购物网站通过互联网的优势，向世界范围内的人们介绍特色产品，扩展了产品的认知途径。

在线购物型网站主要包括：

- 大型综合电子商务网站（business-to-consumer），如："亚马逊"（www.amazon.com）；单一类型电子商务网站，如："优衣库"（www.uniqlo.cn）；

- 品牌宣传及销售站点，如："爱普生"（www.epson.com）；

- 用户主导的社区型贸易网站（business-to-business），如："阿里巴巴"（www.alibaba.com）。

不论哪种类型的在线购物型网站，其导航设计都遵循一定的基本规律。

在线购物的消费者主要分为以下几种类型：入门型、冲浪型、直接型、议价型。

- 入门型浏览者接触网络消费不久，对网络商品信息保持一定怀疑态度，同时，也本能的对一般商家不信任。入门型浏览者喜欢在网络中寻找生活中熟悉的知名或传统品牌，常常是品牌宣传及销售站点的客户。他们也会登录知名大型综合电子商务网站，购买熟悉的名牌产品。

-

凡客诚品网站结构图

- 冲浪型浏览者在网上逗留的时间较长，但一般不随便购物，目标在"渔"而非"鱼"，他们更关注新奇、独特的事物，喜欢购买与众不同的商品。

- 直接型浏览者已经非常熟悉网络购物环境，在线购物的目的明确，虽然不会在网上逗留过长时间，但却是在线购物的"中坚力量"。

- 议价型浏览者也是熟悉网络购物环境的族群，他们喜欢购买物有所值、物超所值的商品，希望通过搜索、比价、议价获得与商家较量的快感。他们更倾向于登录"淘宝"（www.taobao.com）、"天猫"（www.Tmall.com）等社区型网站。

以在线购物型网站为例，对在线购物型网站的内容和功能需求进行分析，进行信息结构设计。在线购物型网站主要包括以下几个部分：

商品分类展示

大型综合电子商务网站和社区型贸易网站基本有以下几种商品分类方法。
- 方法一：热门商品、推荐商品、最新商品、特价商品等；
- 方法二：吃、穿、住、用、行；
- 方法三：男、女，老、少、幼等；
- 方法四：主要商品、相关商品、相关配件等。

以全球最大的购物型网站"亚马逊"（amazon）为例，商品主要类别包括：书刊，电影、音乐、游戏，软件、音乐、电影等数码下载，电脑、软件、打印机等办公用品，相机、手机、Mp4等电子产品，居家用品，保健品，儿童用品，服装、鞋帽、首饰、运动、户外用品，工具等。分类设计符合大部分人的常识、习惯，条理清晰。清楚的产品分类有利于商品数据库的建立，方便浏览者查找商品，减少搜索消耗的时间，提高搜索精度。尤其对于入门型浏览者，良好的商品分类目录能够带来犹如日常生活中逛熟悉超市的自由感受，逐步对网站产生信任感。对于品牌宣传及销售站点，商品分类相对简单，拥有大面积版块来展现商品的细节参数和独特魅力。

商品搜索

成熟或目的明确型消费者可以通过搜索引擎以相对较快的信息获取方式，了解所需商品的存货、外观、性能、价格、评价，就像真实生活中商场里的问讯台，当浏览者时间有限、目标明确时，希望能够直接、快速地找到心仪商品。搜索结果页面还提供了同类型产品介绍，方便用户比较。对于在线购物份额较高的直接型浏览者，设置明显的、查询迅速、结果精确的搜索工具是大型综合电子商务网站和社区型贸易网站必备的武器。

用户管理

会员注册、账户管理、购物车状态、当前订单及历史订单查询、积分、订单确认等，是在线购物型网站的重要环节，为浏览者进行在线消费提供强大的功能支持和安全保证。不论是大型综合电子商务网站、社区型贸易网站还是单一类型电子商务网站，都需要在用户管理方面进行大量投入。获取详实的客户信息，进行客户消费行为分析，获得用户体验测试数据，最终达到确保在线购物的安全性、更好地服务客户的目的。

销售服务

商品评价、打分、排行、商品问询、投诉、退换等销售服务内容，是在线购物型网站不容忽视的部分，此部分内容可以体现产品性价比、商家诚信度和服务质量。网络购物与商场购物不同，虽然商家提供了商品的多角度、多方位图片，浏览者也无法真实感受、触摸实物并测试实物性能。个别商家为了售卖商品，文字描述有夸大成分，照片拍摄角度也更有利于表现商品的优势。当在线购物客户拿到实物后，可能与预期不符或商品出现质量问题，这就要求电子商务网站必须提供令客户信任的贴心服务。

辅助信息

"关于我们"、"网站地图"等内容，对于潜在客户——入门型浏览者尤为重要，通过商家诚实地自我描述信息，入门型浏览者能够对网站产生一个初步的良好认识；而清晰的网站地图会让入门型浏览者获得控制未知或陌生事物的自信心，进而把潜在客户培养为有一定忠诚度的消费客户。

在线购物型网站信息错综复杂，互相关联，根据经营宗旨和目标客户不同，信息体系结构设计也不相同。在线购物型网站中，建立在良好的信息体系结构基础上的导航，不以展示商品信息为最终目的，而是为了把商品信息和服务功能相关联，提供优质的销售服务。

网站设计秉承"内容至上"的原则，为用户提供有价值的信息和服务是网站建设的主要目标。用户不会为了单纯地体验导航的交互乐趣来重复访问网站，信息构架是网站导航的内在结构和基石，如果基础不牢，外在表现的导航也必然混乱不堪。信息构架用来设计符合网站目标、满足用户需求的信息的组织分类和导航的结构，从而使用户能够有效、高效地浏览网站的内容信息。

案例2：Uing移动应用

接下来，我们分析一下 Uing 移动应用。Uing 专注互联网产品的交互设计研究，聚焦互联网行业前沿资讯，是基于 HTML5 实现的 Web 封装的移动应用。依托互联网以及智能移动终端，目标用户是互联网行业设计师以及致力于培养互联网从业人员的高校设计专业师生。功能比较简单，主要包括信息发布、搜索及话题栏目。

- "首页"以卡片流式布局动态信息；
- "搜索"除了设置常规搜索框以外，还按照交互设计、视觉设计、设计管理、服务设计、智能家居、移动游戏、智能硬件、用户研究、设计思维、设计教育等模块进行信息分类；
- "话题"栏目相当于一个移动讨论区，定期提供专业话题引导专业注册用户进行深入讨论。

信息结构的扁平化设计使 Uing 的信息深度控制在 3 级左右。信息架构简单，用户从首页通过 2 次点击就可以浏览详细信息。

移动应用的交互设计原则提倡将信息结构适度扁平化，减少信息结构的深度（即信息层级关系），使用户通过较少的操作就可以找到所需信息。

由于移动终端屏幕尺寸的限制，页面显示内容有限，移动应用很少采用传统网站常用的面包屑导航来显示当前页面路径，用户不得不一层一层逐一返回。

此外，由于 APP 的每次跳转会都增加用户流量，额外的点击操作可能导致用户流失……

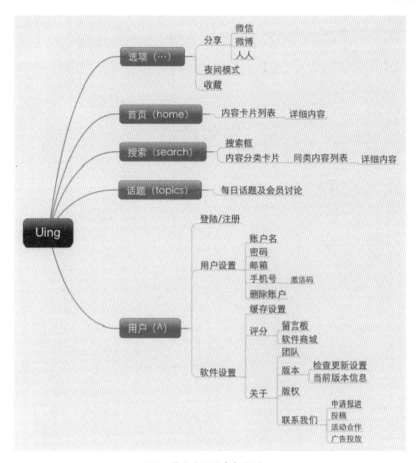

Uing移动应用信息架构图

3.2 交互设计

- 交互反应了人与产品、环境之间的关系。

- 交互设计用来描述在特定情境下的用户行为以及系统产生的反馈与配合。

- 交互设计关注用户的思考方式和行为方式,利用现实生活中的隐喻和同类事物。

- 交互设计影响用户执行任务的模式,使用户保持使用方式的一致性,从而顺利地完成任务。

Web 导航设计建立在尊重用户体验的前提之下,分析用户的思维方式和行为方式,并在此基础上设计当用户使用输入、输出设备时导航系统的形态和功能。导航系统的交互设计在必要的技术手段支持下,体现在功能设计、布局设计和视觉设计等各个方面。同时,良好的交互设计将带给浏览者更舒适的用户体验。

通过对 Web 范围层中的功能和内容进行分析,可以获得一个简单的概念模型,并把它整理为交互任务流程图。任务流程是指把目标用户在使用 Web 时经历的路径或环节通过图示元素展现出来,从而视觉化复杂任务的步骤。例如，课程信息的概念模型侧重于学生、老师、课程和资源之间的关系，而对于学生用户来说，交互流程图更侧重于学生如何通过各个环节完成任务。

概念模型   交互流程

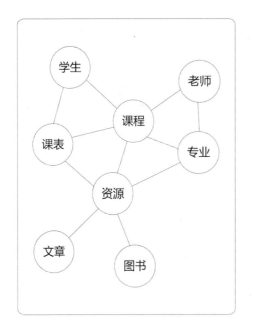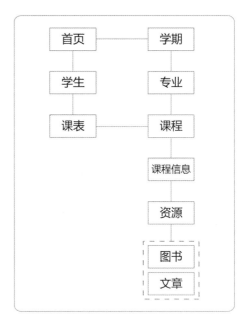

学生用户交互流程图举例

案例1：在线购物型网站

我们继续对 3.1.3 中的案例 1 进行分析。通过对在线购物型网站的功能和购物流程需求进行分析，在功能设计上，顺畅的购物流程是导航设计的重要内容。当浏览者登录在线购物网站，通过 cookie 记录用户的登录信息，"cookies 是一些网站在用户电脑上保存的小的文本文件，里面记录了用户在网站上的偏好，下次用户再次登录同一网站时就会自动加载这些偏好。"[19] 例如，用户在哪种商品页面停留时间最长、购买了何种商品、预购买的商品是否有存货等。当用户再次登录站点时，打开的页面内容是因人而异的，展示用户上几次登录时感兴趣的相关产品、同类产品、更新产品及广告等。从而，为用户提供了针对性较强的信息内容。

浏览者通过搜索引擎或商品目录获得商品的编号、名称、价格、库存、分类、评价等信息后进入订购页面。

(1) 首先，需要判断浏览者是否为网站注册登录用户，如果不是，则需要填写用户个人信息表单，在确认有效信息后返回订购页面；

(2) 如果已经是网站注册登录用户，则自动显示注册默认收件人和收件地址等信息，这些信息可以再次更新；

（3）然后，转入商品价格确认页面，根据商家的不同需求，设置不同的运费计算模式，例如：满额免收、重量计费、件数计费等。我国在线购物网站还应提供用户输入发票抬头的文本域；

（4）在客户最终完成订单后，发送确认电子邮件和短信给用户；

（5）如果客户收到商品正常付款，则再次发送相关商品、商家意见反馈电子邮件，收集用户评价信息，建立用户间沟通的平台，同时，促使商家提供诚信优质服务；

（6）如果客户不满意退货，则联合信誉良好的邮政、银行系统，以方便快捷的方式返还用户款项、退换商品。

"网络空间中信息传递的速度与广度无法衡量，消费者好的购物后体验若在网上反映，可能会令厂商获益匪浅，但若消费者购后产生不满意感，他很可能会通过网络表达出来，在广大网民心中产生不良影响，打消很多潜在的消费者的购买欲望。"[20] 因此，获得用户退换货理由可以监督商家诚信、改进进货渠道、加强运输管理。另外，在线购物型网站还可以通过专业用户体验测试，分析用户购物行为，针对目标用户、潜在用户投放广告电子邮件信息，调整信息构建及改善在线销售服务。

总之，电子商务网站要构建自己的服务优势，商品是优质低价还是正品高档，是广泛丰富还是专需特供，交易过程是否简单安全，发货是否准确快捷，用户隐私是否妥善保护，是否提供开放平台供商家及用户沟通交流，交易发生意外时网站平台、商家是否能提供用户满意的退换货服务等等。在整个电子商务网站的构建和运行过程中，交互设计以目标用户为中心，与服务设计息息相关。

案例2：Uing移动应用

3.1.3 中的案例 2，Uing 移动应用并不强制用户必须注册登陆才能使用。未登陆的普通用户可以浏览其中的大部分栏目，查看详细页面信息。但是，当用户打算执行"收藏"、参与"话题"、"评分"等功能时，就必须登陆后才可以了。

用户执行"收藏"、"话题"、"用户设置"、"评分"等功能时进入此模块。

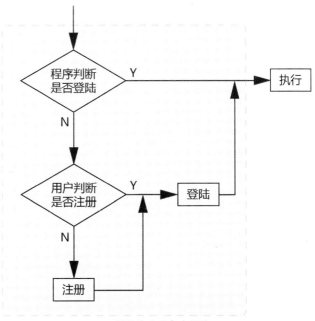

Uing APP判断登陆用户流程图

　　在产品的策划和设计阶段，初级设计师常常分不清信息架构与交互流程之间的关系。范围层包括功能和内容两部分，在范围层基础之上建立了结构层。

　　交互流程和信息架构是结构层的主要内容，两者有许多重叠的部分。但是，信息架构主要是从产品的内容出发，确定信息的层级和关系；交互流程则主要从功能出发，确定用户完成特定任务的顺序。

　　在项目策划中期，常用界面设计原型代替交互流程图中的文字，以使项目组其他成员、客户、用户更好地理解产品如何使用。

　　《留学吧》是一款留学咨询类社交应用，设计师将界面设计原型与交互流程相结合，清楚地展示了产品的功能、外观和使用方法。

《留学吧》交互设计与界面设计流程图

第 **4** 章

导航的核心——框架层

Jesse James Garrett 认为框架层包括：界面设计（Interface Design）、导航设计（Navigation Design）和信息设计（Information Design），用来确定网站用何种功能形式来实现。界面设计是提供用户通过交互动作实现具体任务的接口；导航设计是提供用户在信息构架中穿行搜索的指南针；信息设计是界面设计和导航设计的前提，解决如何将信息传达给用户的问题。随着时间的推移，这三部分虽然各有侧重，但其概念都发生了迁移，彼此渗透、彼此包含。本章通过结合界面设计和信息设计来阐述导航设计的主要形式。

4.1 导航要素设计

导航系统用来引导用户完成特定的任务。导航设计需要传达出导航元素与其所包含内容之间的关系，导航提供了用户在网站内容之间跳转的方法。几种常见的导航形式有：全局导航、局部导航、面包屑、标签、按钮、图标等形式。

4.1.1 菜单

根据网站的信息体系层次划分，全局导航为一级菜单，局部导航为二级、三级或更深层次菜单。表现形式有：文本导航、图片导航、Tab 导航、浮出菜单、垂直菜单。

- 文本导航是由一行有间隔的超文本组成，简洁有余，美观不足；
- 图片导航通过JavaScript和CSS可以展示每个导航项当用户光标不在其上的状态、滑入其上的状态、单击时的状态、已链接的状态等与用户交互的反应；
- Tab导航一般由文本和背景图像构成，通过CSS背景图像能够根据文本内容的多少而延伸，用户滑入其上或单击的导航项比其他导航项有明显的靠前、突出感；
- 根据需要展示的信息的多少，浮出菜单分为整个页面链接跳转和局部页面信息更新两种形式。浮出菜单最初只显示一级菜单项，当用户滑入或单击某导航项时，其下（上）或其右（左）展开此项的次级菜单，优点是节省页面空间，缺点是次级项目不够一目了然，用户在进行项目选择时容易误操作造成选择错误；
- 对于从左向右的阅读语系，垂直菜单一般放置在页面左侧作为全局或局部导航，放置在右侧则通常为辅助导航或友情链接。

计算机图形图像协会网站（www.siggraph.org）针对 2011 年温哥华大会的页面，当浏览者将光标滑过全局导航时，二级导航文字显现在全局导航之下；当选中某个全局导航项目时，相应的二级导航显示在全局导航之下左侧的位置，页面的信息内容也随之改变。

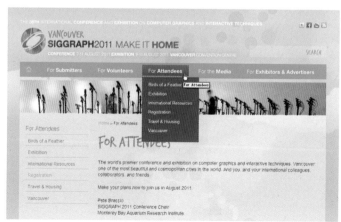

计算机图形图像协会网站菜单

4.1.2 链接文本

链接文本一般的显示状态与普通正文不同。如果普通正文设置为没有下划线、颜色为"A"，链接文本则有下划线，颜色为"B"，当鼠标滑过，链接文本颜色改变、背景色改变，去除下划线，同时出现小手光标。如果在文本旁边设计具有明显指示链接意图的小动画或图标更能使用户认识到这是一个有链接的文本。短小的链接文本有时不能清楚地解释，这时，最好为此文本设置 Alt 说明性提示文字功能，即当鼠标滑过时，弹出解释说明其链接跳转后页面的主要内容。

当链接文本作为导航标题时，通常会把文本加大、加粗或加宽，突出文本颜色或其与背景色的反差，有时，也为标题文本设置浮雕效果或蚀刻效果，增强信息组织方式的表现力和可交互性。视觉效果明确的导航标题使用户知道这是可以被点击并展开详细深入内容的。

壳牌网站（www.shell.com），在你的国家或地区寻找更多信息的栏目中，链接文本以下划线标明，当光标滑过链接文本时出现小手型，并出现 Alt 说明性提示文字。

壳牌网站链接文本

4.1.3 按钮

在任务流程、应用程序、表单中，点击按钮可以执行相应操作。与链接文本不同，链接文本一般用来实现从一个页面到另一个页面的跳转，展示不同的信息；而按钮常用来实现一个操作行为，一个事务命令。例如：购买行为、提交行为、确认行为等。

网页上有三种形式的按钮：图像按钮、HTML 按钮、Flash 按钮。

1. HTML按钮

HTML 按钮直接在 HTML 中编码，由于 HTML 按钮比图像按钮加载速度快，常用在需要提交的表单区域。

```
<form id="" name="" method="" action="">
  <label>label name
  <input type="submit" name="" id="" value="button name" />
  </label>
</form>
```

HTML 按钮形象简单，除了按钮上的文字和按钮旁边的描述文字可以改变以外，按钮的颜色和外观控制得并不灵活，有一种例行公事的感觉，很难体现出页面的整体风格和特色。

Button Description Button Name

HTML按钮

2. 图像按钮

Dreamweaver 中，图像按钮以插入"图像：导航条"的形式存在，图像按钮可以设置四种状态；一般状态、光标滑过状态、单击后一般状态、单击后光标滑过状态。另外，还需要给图像按钮提供 Alt 说明性提示文字。

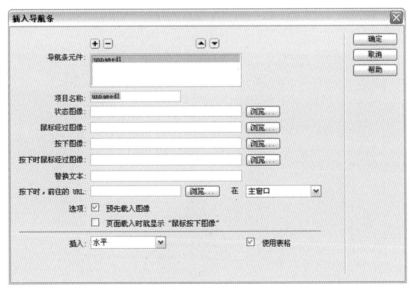

Dreamweaver中插入导航条面板

3. Flash按钮

Dreamweaver 中，可以通过插入"媒体：Flash 按钮"的方法在页面中插入软件中自带的或者从软件供应商网站提供的 Flash 按钮。

Dreamweaver 中，还可以通过插入"媒体：Flash"的方法在页面中插入 Flash 按钮文件。Flash 按钮有四态（up，over，down，hit）。前三态（up，over，down）分别是光标不在链接对象上时的状态、光标滑到链接对象上时的状态、在链接对象上单击未抬起时的状态，而第四态（hit）则代表响应交互的有效区域。Flash 按钮可以设计得非常灵活，并保持页面风格的统一性。

插入Flash按钮面板

需要注意的是，要确保目标用户的浏览器或播放器能够正常显示 Flash 文件。

4.1.4 面包屑

面包屑导航系统一般用大于符号">"、向右箭头"→"或者竖线"|"表示信息层级之间的递进关系。最后一个表示当前页面主要内容标题的文字通常会加粗、加大显示，有些页面也因此省略掉页面标题文字。面包屑导航系统一般放置于整个页面的顶端，或者放置于主广告条、全局导航之下，页面内容之上。

需要注意的是，为了不让面包屑导航系统影响主要导航系统，其表现力要弱于主导航。

美国大型折扣综合百货"好交易"网站（www.smartbargains.com），商品详细页中，面包屑导航系统采用深灰色、小号字体、大于符号">"间隔，商品的数量用粗体显示。

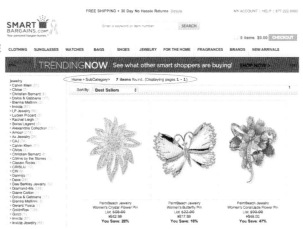

SMART BARGAINS网站面包屑导航

　　壳牌网站（www.shell.com），界面设计风格简洁，结构性导航位于页面左侧，面包屑导航位于页面顶端，以大于符号"＞"间隔层级递进的信息节点，清楚地告诉用户所处的位置。

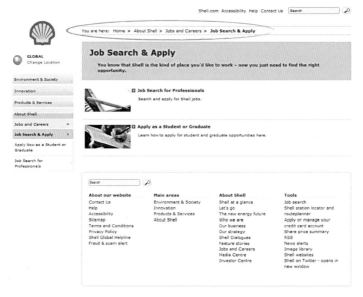

壳牌网站面包屑导航

　　Recipes 是一款菜谱移动 APP，主导航菜单以标签栏模式位于各级界面底部。首页和二级页面采用树状模式中的列表式布局次级导航。为了在较小的空间内布局用户在特定情境下所需要的信息，移动应用的信息结构层级不建议过深。此应用在二级页面和详细页面中的顶部配置了具有两个层级的面包屑导航。

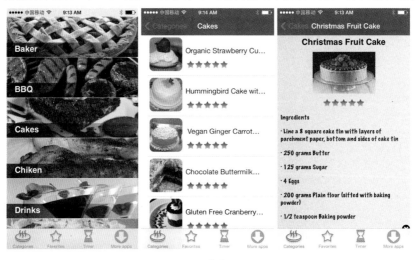

Recipes移动APP

4.1.5 标签和卡片堆

标签和卡片堆有类似的视觉效果。把同类的不同栏目组织起来，栏目标签整齐排列，当光标滑过或单击某个栏目标签时，相应的栏目标签靠前突出，同时显示此栏目的内容。

标签常用来比喻页面中主导航栏目的显示效果与内容切换；卡片堆则用来比喻页面中局部信息块栏目的显示效果与内容切换。但前者由于信息量比较大，适于页面链接跳转或整个页面的刷新；后者则适用 Ajax（Asynchronous JavaScript and XML）技术进行局部数据更新。

标签的视觉效果比一般导航菜单要明确，它把标签栏目所属的子内容也带到用户所瞩目的位置。在激活的标签之下显示一条相同背景或颜色的子栏目菜单或所属的具体内容，从左侧延伸到右侧。用户可以清楚地感知，标签不单是一个可以点击链接的按钮，它还控制了用户浏览的信息内容。

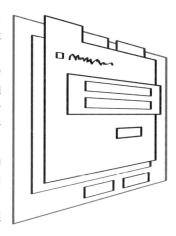

标签和卡片堆的视觉效果

thenest 网站（www.thenest.com），页面顶部采用标签形式导航，当单击 the knot 栏目时，菜单背景转为蓝色；当单击 the nest 栏目时，菜单背景转为棕色，相应的，子菜单内容也跟着标签栏目的改变而改变。

thenest网站标签形式导航

Trulia 移动 APP，页面顶端设置了搜索和标签式导航，当分别选择 For Sale、For Rent、Sold 标签时，需要填写的表单内容也随之改变。

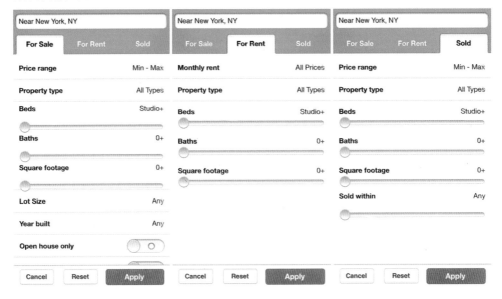

Trulia移动APP

纽约旅游网站（www.nycgo.com）页面左侧，预定表单卡片堆提供了三种项目的预定服务，选择不同的表单名称，显示不同的项目内容，而页面的其他部分不必刷新。

纽约旅游网站卡片堆

4.1.6 颜色编码

　　颜色是人类识别信息的重要信号。有的网站使用颜色编码来标记不同栏目，这些颜色的饱和度和明度基本一致。对于大多数浏览者来说，颜色编码可以提高栏目的辨识率。例如，古根海姆博物馆网站（www.guggenheim.org）利用颜色编码来区别纽约（New York）、威尼斯（Venice）、柏林（Berlin）等不同城市古根海姆博物馆的展览信息，达到很好的视觉效果。

　　设计师需要注意的是，不要让颜色编码喧宾夺主，影响页面内容的传达。

　　英国自然历史博物馆网站（www.nhm.ac.uk），利用颜色编码来区别自然在线（Nature online）、教育（Education）、加入会员（Take part）等栏目。

英国自然历史博物馆网站颜色编码

Adobe Kuler 网站（kuler.adobe.com）提供用色指导，用户既可以通过色轮配色，也可以通过影像建立配色方案，还可以探索并使用网站推荐的不同主题和风格的配色。

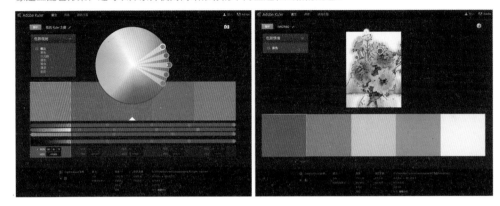

Adobe Kuler网站

Awesome Note 是一款可更换主题的记事本工具，它的分类功能是用颜色编码来标记的，不仅美观而且十分方便。除此之外，Awesome Note 还提供了更方便的速记便签功能，可以快速记录某些不方便分类的小事，实为罹患健忘症的同学之福音。

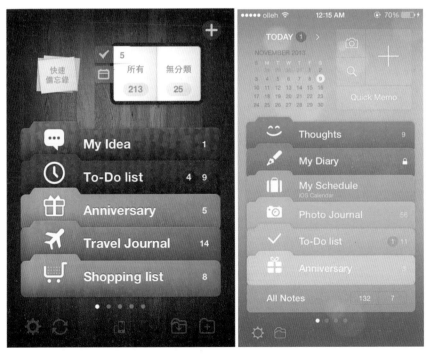

Awesome Note（iOS版）　　　　Awesome Note（安卓版）

FLOXYK 网站模板，利用颜色编码来划分不同栏目。导航按钮的颜色与栏目内容的背景颜色一致。

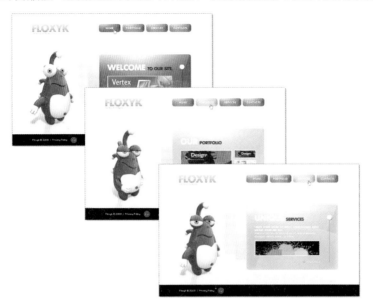

FLOXYK网站颜色编码

COLOURED LINES 网站（colouredlines.com.au），利用颜色编码来区别不同栏目。首页中栏目标题背景色与进入栏目后页面背景色一致。

COLOURED LINES网站颜色编码

↖ 4.1.7 图片与图标

图片比文字更能产生跨文化、跨民族的效果，因此在网页设计中，也常用图片构成导航系统。作为导航的图片应简洁、精致，具有一定的代表性，浏览者一看便知。即便如此，由于图片中的文本不能被搜索引擎读取，仍需要为图片导航设置相应的文本导航或设置 Alt 说明性提示文字，从而增加网站的可用性。

NET-A-PORTE.COM 女性在线购物网站（www.net-a-porter.com），当光标滑过"鞋与靴"栏目

页面中的图片时，出现 Alt 说明性提示文字，解释本站的鞋子全部出自著名设计师之手。

NET-A-PORTE.COM女性在线购物网站图片

携程网号称"去哪儿都找携程"。跟出行相关的所有信息，包括衣食住行，都可以通过携程来查询和订购，这些海量信息如何用一种轻松的方式呈现给大家呢？当然是图片＋图标！看图识字在任何时候都不会过时，如果在此基础上再配合色彩的区分，锦上添花！

携程APP

由于通识图标可以打破语言带来的认知障碍，图标也常常用作网页中的导航元素。设计良好的图标可以强化导航的意义，带有文字描述的图标或者已经被广泛熟知的图标具有更好的可用性。图标比只有文字的链接增加了交互面积，可以在保持界面设计统一性的前提下，增强用户在扫视中的定位能力。但是，只有图标而没有相应的文本链接并不一定会被普遍理解，不论是跨域文化还是同一个文化区域内部都有可能产生理解差异，再加之设计形象的典型性不强，也会造成用户的理解问题。

nihongoup 网站（nihongoup.com/blog），中部导航标签文字左侧的图形如果单独出现，浏览者多半不会理解此栏目的内容是什么，但是对于页面右上角的三个图标，即便没有文字描述，大部分浏览者也会明白，那代表着三个知名的网络服务：Feed 聚合内容信息更新服务，Twitter 微博，Facebook 社交平台。

nihongoup网站图标

4.2　信息设计

信息设计决定如何呈现信息，以便使人们更容易理解或使用它们。信息设计需要分组和整理信息，并在页面中传达信息结构，体现微观的信息架构。大量的信息会采用多种信息组织方法，信息构架师需要以用户为中心，兼顾客户的需求来定位和组织信息内容。

理查德·索尔·沃尔曼（Richard Saul Wurman）是 TED（科技、娱乐、设计）研讨会的创建者，他也是著名的设计师和作家。沃尔曼在《信息焦虑 2》（Information Anxiety 2，2000 年出版）中更新了其在《信息焦虑》（1989 年出版）中提到的信息的组织模式 LATCH（Location，Alphabet，Time，Category，Hierarchy），即：位置、字母表、时间、类别、层级。

4.2.1 位置

位置被用来从地理的角度组织信息。旅游网站、世界范围的连锁机构网站、天气栏目等都常用地理位置组织信息。

宝洁公司网站（www.pg.com.cn）中全球分布（WORLDWIDE SITES）栏目使用位置来组织宝洁公司全球各地的站点信息。

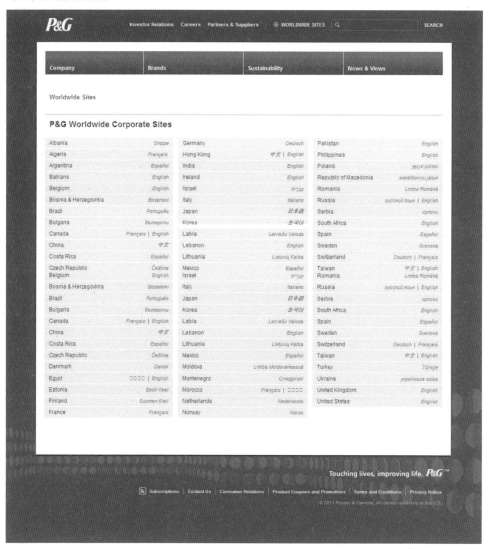

宝洁公司网站位置组织信息

无印良品 MUJI 网站（www.muji.com.cn），中文版店铺信息按照华东、华南、华北、华中等区域划分，然后按照城市和商场名称排列信息。

无印良品店铺信息

4.2.2 字母表

字母表是按照字母顺序来组织信息。作者姓名查询、网络字典、购物网站中的品牌检索等都常用字母表来布局信息。而中文站点利用字母表的索引导航可以按照汉字拼音相应的英文字母或品牌的字母顺序进行排列。

美国 HBO 电影网站（www.
hbo.com），其电影频道影片
排序按照片名用数字及英文字母
顺序进行。

HBO电影频道

欧克尼男性在线购物网站
（www.oki-ni.com），其品牌
（BRANDS）展示页面按照英文
字母顺序索引商品品牌。

欧克尼男性在线购物网站字母索引产品

4.2.3 时间

时间是指按照事件发展的前后顺序来组织信息。通常用航班时刻表、万年历、进程计划表、体育赛事等常用时间表来布局信息。

NBA 中国官方网站（china.nba.com），赛程按照时间进行排列。

NBA中国官方网站时间组织信息

Cyber & Gear 网站（www.cyber-gear.com），这家互联网公司成立15年的欢迎页面上，页面顶端是渐变灰色数字的年代排序，体现了历史进程的时间性。中部突出了15年的时间和业务的领导地位。网站标志位于页面右上方，年代排序之下，颜色和重量感与中部左侧的"15years"等文字呼应，达到一定的视觉平衡。单击一屏之中右下角的"enter site"文字可以进入网站首页。

Cyber & Gear网站

4.2.4 类别

类别是根据信息之间的关联以及相似特征来群组信息。大到门户型网站、电子商务网站的信息组织，小到具体信息块的页面布局，都会用到类别信息组织模式。在网站构建过程中，卡片分类法（Card Sorting）是一种比较常见的帮助设计师确定用户所理解的类别和层级的信息组织方法（可参考本书 3.1.2 节）。

卓越亚马逊网站（www.amazon.cn），全部商品按类别划分（图书、影视、音乐、手机数码、家用电器等等），每一大类里包含若干产品细类。打开的页面会记录用户上次登录时感兴趣的产品，并展示出来。

卓越亚马逊网站类别组织信息

亚马逊的中文 APP 虽然感觉设计上比较草率，但其类别导航延续了其英文版的严谨和明确。

亚马逊中文APP

4.2.5 层级

层级根据信息的某种衡量标准来进行组织。信息的重要程度、价值、归属、色彩，用户的认知习惯、兴趣、需求等都可能是层级信息组织法的标准。

百思买消费电子零售商网站（www.bestbuy.com），产品（PRODUCTS）栏目之下有电影，音乐及设备子栏目（Movies，Music & Instruments），数码音乐（Digital Music）就可以在这里找到。

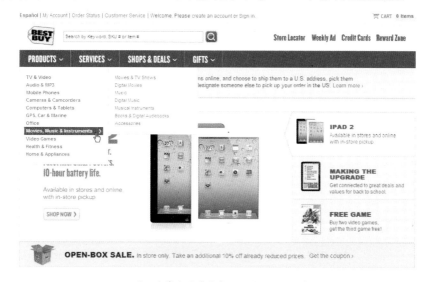

百思买消费电子零售商网站层级组织信息

好乐买 APP 的层级导航比较别致。首先是从图标导航开始，进入之后层层深入，在抬头下面一行是目前的层级位置，左下部分为当前层级的详情，右下部分是所属层级的具体产品图片信息，确保不会迷路。虽然产品图片信息在此界面上显示不够完整，但残缺的图片很容易引导用户通过滑动屏幕拖过来。

好乐买APP

4.3 界 面 设 计

　　这里的界面设计是指宏观布局页面内容和交互要素，使用户按照设计师预先设计的视线流和焦点，有主有次地查看信息，让界面元素容易理解和使用。良好的界面设计可以指导用户操作行为，使用户高效地完成目标任务。

　　用户界面设计从下到上包括概念设计、信息架构、交互设计及视觉设计。视觉设计是最顶层的表象，就像浮在水面上的冰山一角。水面之下，交互设计提供符合用户需求的概念模型和产品合理的信息架构，同时，表现在系统对用户行为的视觉反应上，而视觉上的反应更容易被用户理解。

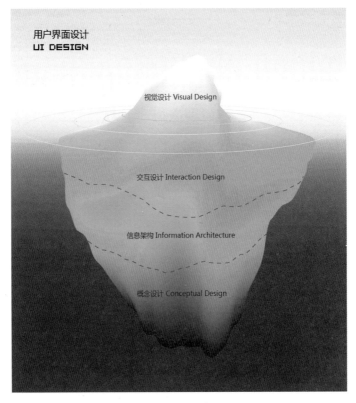

用户界面设计

　　界面设计可以采用标准控件，简化设计师的图形设计，由于用户已经对标准控件有所熟悉，再次使用时就减少了用户的认知负担，从而高效易用。标准控件使应用更加直观，即便是新手，对从未接触过的应用并不了解，但其可以利用在其他应用中习得的行为模式，包括图标和标准控件的含义和操作，迅速地掌握新应用。

　　标准控件增强了界面设计的一致性，进而增加了易用性和可靠性。标准控件在一定程度上可以根据具体的设计风格进行调整，如果设计师要设计独特的导航元素，也需要在尊重此类导航的设计模式基础上，理解隐喻和标准控件的用法再进行设计，毕竟，美观新颖不能以丧失可用性为代价。

Feedgrids 网站（feedgrids.com）提供了一系列的标准控件，有菜单、下拉列表、按钮、面包屑、滚动条、文本域等，风格统一、简洁。

Feedgrids网站提供标准控件设计

界面设计要重视导航、选项、内容的默认状态。例如，用户进入网站首先登录的是网站的首页，那么导航菜单中的"首页"（Home）就应该是默认的高亮状态。同理，进入二级栏目时，第一个二级栏目菜单也应该高亮显示，同时，页面内容根据此栏目菜单进行调整。再如，在用户填写表单时，大部分目标用户常用的选项应该设置为默认状态。此外，在用户搜索信息时，利用用户地理位置、语言、操作系统、登录时间、上次搜索结果等信息，针对不同用户展示不同的界面内容，提供给用户贴心的信息服务。

　　Flash 设计模版 myphotoportfolio 网站，进入网站最先展示的是首页的内容，相应的主导航中的第一项"HOME"也为高亮显示，说明用户登录的默认位置就是首页。

myphotoportfolio模板网站默认状态

　　界面设计还要重视当用户切换功能后的状态。记录用户操作离开时的状态和结果，待用户返回或再次登录时，恢复到用户离开时的状态，叫做状态恢复。自动记录用户最后一次的操作结果和状态，为用户再次使用时提供参考，或使用户轻易地回到原来的位置或状态，增加用户满意度。例如，登录亚马逊网站（amazon）时，页面自动出现用户前一次购买和感兴趣的商品，对用户进行提醒。再如，我们常常在一个界面进行操作或输入信息时，不小心转换到其他功能，当我们返回到原来界面时，希望界面保留之前的操作状态和填写信息，减少不必要的重复操作。

4.4　线框图

　　"页面布局是将信息设计、界面设计和导航设计放置到一起，形成一个统一的、有内在凝聚力的架构。" [21] 线框图是一种界面设计的低保真原型，用来说明页面中出现的导航、内容等的分布和功能。

全局导航Global		
局部 导航 Local	面包屑Breadcrumb	
	页面名称Local	
	Content Contextual & Personalized	Contextual & Personalized
		友情链接 Friendly Links
	全局导航Global	

常见的导航分布

　　线框图可以电脑绘制或采用手绘，用黑、白、粗、细线来分割页面区域，图片用占位符表示。设计师通常在设计初期用线框图向客户、开发人员等说明设计思路。为了更好地说明设计任务，还需要给线框图附加必要的注释。线框图的注释用来对页面区域或要素、及其发生的操作和结果进行文字说明。线框图作为低保真原型使 Web 构建视觉化，方便了项目的沟通和进展。

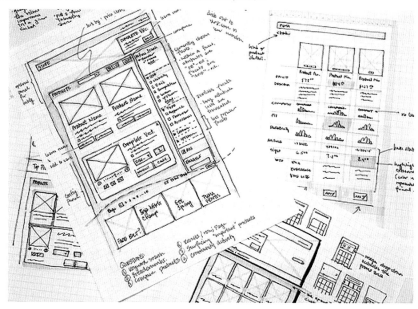

手绘风格线框图

4.5 原　型

原型 (Prototype) 来源于希腊语 Protos 和 Typos，是产品设计过程中的一种呈现方式，用来沟通创意、解决设计问题和评估设计。原型可以使产品各环节的相关人员沟通更高效，减少最终产品出现的设计问题，加速开发迭代过程，从而节省了时间和费用。

原型有纸制、动画和视频、软件和程序等多种方法。

- 在设计的初期阶段，纸制原型是常用的，投入少、速度快，可用来沟通和评估术语分类、创意概念、任务流程和可行性，低保真原型常用来模拟关键环节的设计，探索多种不同的设计方向；

- 在设计中期，需要超出纸面的静态形式，体现产品应用或服务发生的情景来讲述故事，动画和视频的结合比较合适，方便设计成员讨论以及目标用户的测试，尤其对于与产品投资和决定相关的重要人员，这种方式更容易被他们理解；

- 在设计中后期，需要模拟产品真实的使用情况，不断地测试，高保真原型来解决具体的交互问题就非常必要了。

电子汽车（ELECTRIC VEHICLE）移动应用，结合目标用户在各种使用情境下的故事版，设计相应的低保真原型，不断迭代，逐渐产生此移动混合型应用的高保真原型。

电子汽车移动应用故事板及原型

原型方法的选择主要取决于产品设计目标、开发阶段和应用类型。"制作网站原型，是在投入开发之前，对提出的功能和设计进行测试和验证的行之有效的方法。" [22] 使用原型可以把网站信息、功能、排版、交互结合起来。

不同阶段的原型侧重点不同：

- 在设计初期，网页原型设计是结合功能划分信息块必用的视觉设计方法。通过简单的线框，创建页面各区域的内容和功能，还有网站整体信息构架。

- 对于关键性交互环节、界面的过渡和转场，需要进行动画或可交互的原型制作。对于需要体现用户使用情景的网络产品，使用动画和视频拍摄合成可以达到非常好的原型效果。

- 在设计过程中深入网页原型制定，经过用户的体验测试，确定布局的合理性、交互的合理性，增加细节，进行方案的迭代设计。
- 在设计后期，可运行的高保真原型如果和产品开发的工具配合得好，甚至可以运用到最终产品中。

原型设计是网站设计中不可或缺的重要方法。如果设计者对网站的原型设计没有什么经验，那么可以从现成的网站界面开始练习，整理出页面中各元素之间的关联性。

关于原型设计，请参考《网站蓝图 ––Axure RP 高保真网页原型制作》、《APP 蓝图——Axure 7.0 移动互联网产品原型设计》，清华大学出版社。

柯达公司网站（www.kodak.com），剥离界面的色彩、图像等视觉因素，根据网站界面内容的功能和版式制作线框图的低保真原型。伊士曼柯达公司（Eastman Kodak Company，简称柯达），一百多年来在影像拍摄、分享、输出和显示领域一直处于世界领先地位，帮助人们留住美好回忆、交流重要信息以及享受娱乐时光。但是随着数码技术的崛起，柯达公司运营不善，于 2012 年 1 月 19 日在纽约申请破产保护。

柯达公司网站原型练习

柯达公司网站原型练习

第 5 章

导航的焦点——表现层

　　丰富多样的导航系统是网页设计中的视觉要素，它建立在充分合理的网页原型基础之上，体现了网站的风格特色和易用性。各种导航系统是由于信息结构、类型、功能不同而形成的。导航设计不仅要以信息体系结构设计为基石，以功能设计为目标，而且能够带给浏览者直观感受的视觉设计也是导航设计的重要内容。

5.1　视觉设计概述

导航作为重要的视觉要素，设计导航时需要了解浏览者的视觉习惯。中文、英文等非阿拉伯语系的国家，从上到下、从左到右是用户默认的视线流。而动画、视频、图像、对比强烈的颜色、粗大的文字、大面积空白以外的内容都可以形成吸引用户视线的焦点。此外，用户的知识背景也是造成视线选择的重要因素。

在 Web 导航的视觉设计中，网页界面的排版布局和导航的平面设计是关键。

- 导航的位置，导航的字体、字号、颜色、形状，导航选项的名称和排列顺序，导航与页面其他元素的空间关系等等，都是需要设计师精雕细刻的；

- 相同类型导航项目的设计风格、大小和交互方式应保持一致；

- 用户与页面的交互反应可以通过指示图形、文本下划线、背景颜色或音效等来实现；

- 导航的设计和布局要符合网站整体的视觉定位，符合不同语系用户的阅读习惯；

- 网站中各级页面的导航应在风格统一和满足功能需求的前提下进行调整和变化，而同一级页面的导航布局基本保持不变；

- 根据网站的信息层次结构，导航既要延续设计风格的一致性、浏览者操控的可预测性，还要适当加以变化，促进浏览者理解网站信息的行进感。如果网站中每个页面，不论是首页还是详细页的导航都一成不变，反而会使浏览者迷惑，辨不清方向。因而，随着网站信息层次的加深，页面导航和主题内容的平衡关系也要适当调整。

DQ BOOKS 网站（www.dqbooks.com）是由插画师、摄影师、造型艺术家等创办的以展示一定主题的插画电子刊物。由于艺术家来自不同国家，考虑各国浏览者，在首页 Logo 之下居中设定了三种可选语言。进入一级栏目，标志和主导航位于左侧顶部，"期刊"栏目展示了四本不同主题的刊物。选择蓝色刊物进入作品详细页，以隐喻的方式模拟真实刊物的翻阅效果，为了不干扰浏览者对作品的欣赏，标志和主导航隐退，必须关闭详细页才能返回一级栏目。背景色沉稳，是各页面风格一致的因素之一。详细页中封三、封四的颜色与所选刊物封面一致，是网站信息结构行进的线索。

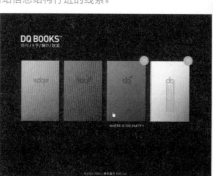

DQ BOOKS网站视觉设计

5.2 风格设计

Web 导航能够使用户对网站产生总体概括的认识，知道自己当前在哪，能去到哪里，并找到所需要的信息。要确定导航采用什么风格，需要考虑几个因素：

- 一、网站类型和内容。不同类型的网站需要的导航类型也不相同，内容不同采用的导航也大相径庭。商业网站与公共事业网站、个人网站所需要的导航类型和风格会有很大区别，即便同是商业类型的网站，以在线销售为主的网站和以品牌推广为主的网站也不一样；

- 二、网站目标用户。大多数使用此网站的用户类型也是影响Web导航的因素之一，当然用户类型也取决于网站建设目标。同是儿童类型的网站，如果受众以儿童为主，信息的内容比较浅显易懂，导航的色彩和动态效果会比较突出，适合儿童自己进行操作，促销产品以外观展示使用场景吸引儿童；如果受众以家长为主，信息的内容倾向于家长指导儿童学习或玩耍，要有一定深度，导航不必过于花哨，促销产品以学习、益智、培训类为主；

- 三、导航的具体功能和布局。导航是用于说明用户目前所处的位置，还是告诉用户可以去到哪里，不同类型的导航实现的功能不同，根据用户使用的语系不同，排版布局也不同。

"出光"环境保护网站（www.idemitsu.co），以少年儿童为受众目标。以绿色为主色调强调环保理念，利用大树的枝干作为主导航，点击进入后出现盆植及其枝叶的子导航，以植物的分枝隐喻环保网站内容的分支。通过孩子的视线引导，一步一步深入到具体的环保知识内容当中。

"出光"环境保护网站

5.2.1 菜单、标签、按钮、图标

目前，大部分网页还是以菜单、标签、按钮、图标（Menu，Tab，Button，Icon）为主。菜单和标签形式常用作主导航，位置和功能比较显眼；图标常常为一组风格统一、寓意明确的图形，或与文字链接组合使用，增强用户的理解力。按钮作为某个任务动作或链接形式，运用灵活。

我们从日常生活中认识到，按钮是凸起的，按下后变矮，按钮的投影也变短，在制作图像按钮时会模拟这种体验。首先，通过渐变、投影等效果使图像按钮有凸起的立体感，看上去是可以被点击的；其次，设计当光标滑入按钮时，按钮的颜色或者其上文字的颜色变化；然后，当单击按钮后，要设计按钮被按下时的状态。

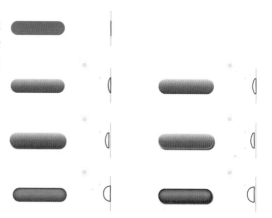

按钮的立体感

按钮的视觉隐喻多采用投影、高光、渐变等手法模拟真实的视觉效果，如此复杂的设计对各种设备的适应性并不是很好，在细节上需要分别对这些设备进行微调。相对而言，扁平化设计具有更好的适应性。然而，不可否认的是，对于老年、幼年或其他对交互设备不够熟悉的用户，或者强调使用效率的应用，采用良好的视觉隐喻的设计比过于简洁的扁平化设计具有更强的易用性。

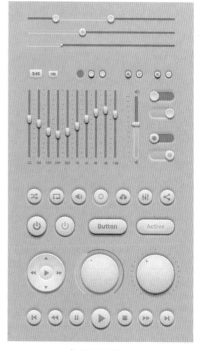

按钮的设计

OIL 石油公司网站（oil.com），主导航采用传统的菜单形式，正统、规矩的布局带给用户可靠性和安全感。而每一个菜单项又形同按钮，点击操作性明显。

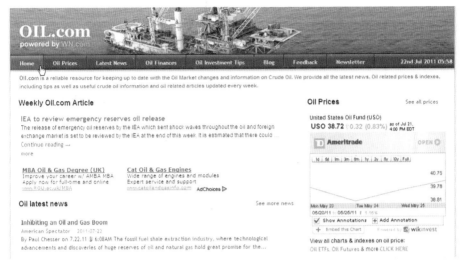

OIL石油公司网站

dishizzle 食品网站（www.dishizzle.com），导航形式包括：标签、按钮、图标，形式活泼、轻松。标签形式作为主导航，按钮作为选项链接的操作目标，图标用来视觉化选项的含义。但是，过多的链接或可点击区域都处理成立体按钮的模样，会使页面显得有些忙乱。

dishizzle食品网站

在导航的视觉设计上，同类导航按钮或标签的设计风格、比例应保持一致性（uniformity）。而特别推荐的商品或新闻，则需要在颜色或动态效果上作特殊处理，引起浏览者关注。

　　"欧斯克"（overstock）网站首页中，大部分文字为黑色，而清仓甩卖（SALE）栏目采用红色文字，更吸引浏览者的注意力。

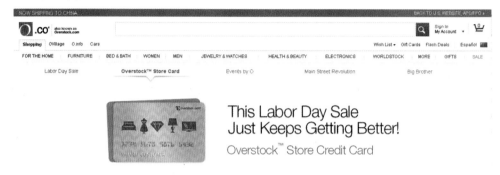

Overstock

　　所以，信息构建要分层次，并进行合理的组织设计。如果滥用设计理论和技术，页面中到处是视线跳跃点，就会造成浏览者视觉疲劳、心情烦躁。

　　Monolinea 设计师个人网站（www.monolinea.com），各导航按钮和主导航菜单均采用棕橙色倒角色条，反白字体，与网站整体的设计风格协调统一。

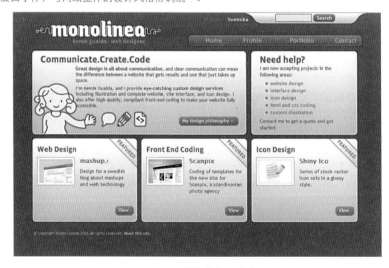

monolinea设计师个人网站

WORDPRESS 网站（wordpress.org），主导航采用灰色系的标签形式，明确指示出内容与标签导航栏目的关系。但 Download 项是此网站的重要服务内容，因此，布置其位置为右侧最后一项，橙红色底反白字，既突出又不至于破坏导航的整体形象。

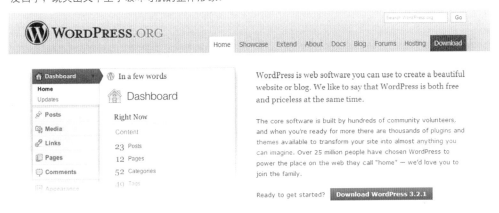

WORDPRESS网站

QQ 旋风下载页面（xf.qq.com），为了把软件的特点和功能更形象地展现给浏览者，设计了一系列风格统一、视觉表达明确的图标，通过单击图标或文字可以进入详细说明页面。

QQ旋风下载页面

5.2.2 文字和数字

除了菜单、标签、按钮、图标以外，导航还常以文字或数字（Typographic Navigation, Numeric Navigation）的形式出现，或者在传统菜单、标签、按钮、图标之中以文字或数字为主要视觉元素。这样的导航，风格简洁、意义明确。

PawPrint 网站（www.pawprint.net），导航为文字形式，页面内容中还有提供链接的上下文导航（Contextual Navigation）。采用 CSS 层级样式表控制文字样式，减少图像产生的诸多问题。

PawPrint网站

Candy Crush的数字选关导航　　Photo Sticker的文字导航

MODULAB 品牌与平面设计网站（www.modulab.co.uk），导航主要以数字形式出现，当光标滑过数字图形时，进一步展现品牌的标志。数字形式的导航通常不会提供用户清晰的内容指导，它侧重在子内容的数量和带给用户的秩序感。

MODULAB品牌与平面设计网站

5.2.3 空间

显示器是网站的显示终端，显示器的大小是有限的，网站设计师如何通过精心的设计来扩展界面显示的空间呢？利用 Flash、Ajax 等技术，可以制作出灵活、流动的空间。

阿迪达斯中国网站（www.adidas.com/cn），首页采用了 Flash 技术，丰富的交互性增强了产品青春、活力、动感的性格。当用户光标滑过某个图像时，周围的图像被挤压，扩大了自身的空间，于是相应的详细信息被展现出来。

阿迪达斯中国网站

一般来讲，设计师会把网页内容限制在一屏之内，或者尽量把重要的内容显示在第一屏。但是，对于个性化的小型网站或内容相对独立的页面却不必拘泥于此。有的网站利用浏览器的滚动条来显示水平或垂直排列的多屏信息；有的网站界面有自己的导航菜单，但信息布置在同一个页面之中，当用户选择不同的菜单项，界面会单向或者多向滑动显示相关信息，而不是在多个界面之间进行跳转。

James Joyce 网站（www.jamesjoyce.co.uk），在其作品（Work）页面，所有作品水平方向排开，用户需要拖动浏览器下方的滚动条来观看作品，这种水平方向浏览作品的方式带给用户一种在展览馆中沿着布展通道进行参观的真实感觉。

James Joyce网站

KOMRADE 网站（komra.de）只有一个页面，背景是一盆有根有茎的绿色植物。用户可以拖动浏览器右侧的滚动条，沿着绿植的主干从上到下地观看垂直排列的信息；还可以单击选择一直处于屏幕下方的菜单项，页面就会滑动到相应的位置。

KOMRADE 网站

RECRUITING SITE 网站（bucchake.com），主导航居中、圆形旋转。当光标滑过文字链接时，文字呈现白底反红字，单击进入详细页面。这种导航方式比较独特，并且容易集中用户视线。居中的圆环型导航把页面空间分为左、中、右三部分，在详细页中，左右分别布局关键人物照片及姓名，相关文字信息布局在环形导航标题中部。如果页面的信息量过大则不适合用这种居中的导航方式，因为被导航分隔的信息内容会给用户增加阅读的难度。

RECRUITING SITE网站

5.2.4 最小化或无导航

网站导航几乎渗透网站之中的所有页面，但是，对于网站结构深层的详细页面，以新开页面（_blank）建立的页面以及弹出式的单独的广告页面则不一定设置主导航，用户可以关闭此页面，点击返回按钮回到登录此页面之前的网页，或者通过简化版的导航菜单跳转到其他页面。

音乐家坂本龙一网站（moonlinx.jpspecial_issue003），首页中部是音乐家肖像和网站的主导航，左上边缘为最小化的导航菜单（Minimal site navigation）。进入二级栏目页面，导航缩进右侧边缘，当用户光标滑过后出现（Navigation on demand），节省了页面空间。当然，用户也可以通过左上边缘的最小化导航菜单跳转到其他栏目。

音乐家坂本龙一网站

iconwerk 网站（iconwerk.de），页面中没有设置多余的导航菜单（NO site navigation），作者目的非常直接，就是直观展示图标作品。通过滑动浏览器的滚动条来观看作者罗列的大量作品。

iconwerk 网站

MailChimp 网站（mailchimp.com/v5-3）中有一宣传广告页面（Promotional one-pager），此页面中也没有设置导航菜单，以免破坏广告的整体性，可以通过滑动浏览器的滚动条来自上而下地观看。

MailChimp网站

5.2.5 图像导航

图像导航提供形象化的视觉信息,比文字导航更容易被识别和理解。图像导航可以增强信息的故事性,使用户在兴趣中接受信息。一般来说,图像导航的响应交互的区域更大,方便点击。图像导航同时配有文字导航,使用户明确图像的意义和导航栏目。

BUSINESS CO. 网站模板采用了以图像为主的导航,图像生动地模拟了办公场景,增加了公司或企业网站的趣味性。矢量图像可以节省文件量,放大不失真。图像侧面配以文字,使导航更明确。

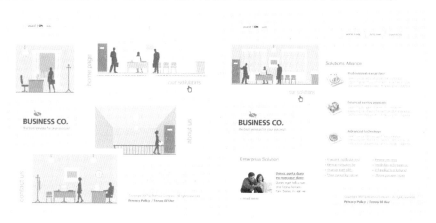

BUSINESS公司网站

Polyvore 是一个时装网站,用户可以在线搭配自己的喜欢的服装,其 APP 同样具备此项功能。既满足消费者搭配服装的意愿,又满足商家推广商品的需求。其单品搭配页面用的就是图片导航,对于爱美人士来说,这种导航方式简直是零成本学习。

Polyvore iOS版APP(图片来自互联网)

5.2.6 模拟纸制品

互联网不过几十年，但印刷品可谓历史悠久了。人们早已熟知印刷品的阅读方式，并执著地把它沿袭到网站设计上。利用隐喻，将人们对传统印刷品的认知经验运用到与网络产品的交互过程中。

纽约时报网站（www.nytimes.com），以信息发布为主要目的。网站风格与报纸接近，标志的位置居中，文字信息分六栏。与报纸头版不同的是，网站主页设有导航、搜索框、广告等内容。网站中的文章显示有链接的标题和主要内容，不必像报纸一样一次性显示全部内容，单击链接后进入更详细的新闻解读。

纽约时报网站

PHOTO portfolio 网站模板模拟钉扣装订的纸制卡片。每一张卡片为一个导航栏目，单击卡片，以钉扣为圆心旋转，展开一个栏目内容。栏目转场的动态效果独特，由于导航卡片占了相同半径的区域，内容显示的空间就比较局促了，所以，这种方式不适合展示信息量过大的内容。

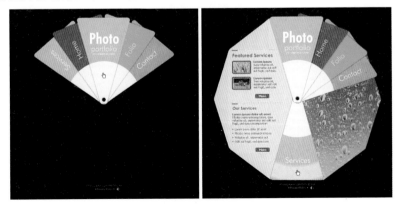

PHOTO portfolio网站

Marc Dahmen Work Files 建筑工作室网站（www.marcdahmen.com），内容即导航，网站页面内容布局在随意散放的宣传单页上，单击其中一张，即摆正放大显示页面内容。另一部分导航以图标的形式位于网页的底部居中，可以随意浏览，但是其图形寓意不够明确。

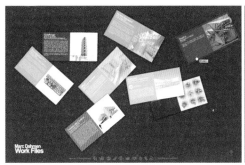

Marc Dahmen网站

MODEL AGENCY 模特公司网站模板，模拟时尚杂志的翻阅经验。单击封面打开电子杂志，通过上方导航文字或者单击页面左、右下角都可以实现翻页。

AGENCY网站

　　作为个性化阅读的鼻祖，Flipboard 大量的触摸操作让阅读变得更高效、更简单。打开 Flipboard，如同翻开一份传统纸质报纸，这得益于其布局和排版以及操作方式。配色上，选择大面积的无彩色与小面积的饱和色彩相搭配，浅灰色作为主色，红色作为强调色，不同层次的深灰色很好地调节着文字的节奏。

Flipboard

　　网站 PHOTOGRAPHY 是以展示图片为主的 Flash 网站模板，页面模拟传统暗房中冲洗胶片后晾挂照片的情景。导航在页面底部，位于折叠位置之上。详细页浮动在当前页面之上，不需要拖动滚动条就可以全部显示，背景半透明，体现出信息的层级和关联。

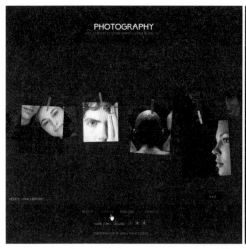

PHOTOGRAPHY网站模板

CHARITY ORGANIZATION 网站模板，模拟一本金属丝螺旋环订的印刷品。以用户熟知的翻阅笔记本的生活经验，隐喻此网站产品的交互方式。通过单击封面中的目录文字，可以打开到相应页面。

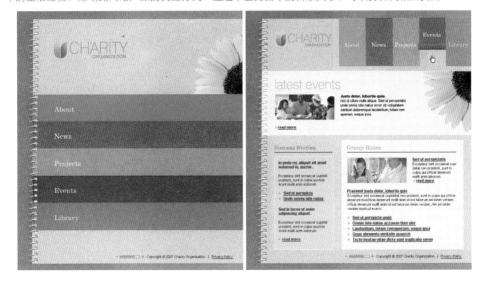

CHARITY网站

5.2.7 封面页

有些网站打开后直接进入首页或第一个栏目页面，而有的网站登录后首先看到的是封面页。封面页以网站的视觉识别系统或体现网站风格的图形元素组成，集中呈现网站所有者希望带给用户的第一印象。

Fengshui 中国风水网站，封面页像即将开启的朱红大门也像敞开的大红袍，代表中国吉祥寓意的蝴蝶翩翩飞舞，大红灯笼指引着探寻的方向。此网站以西方人的视角展现中国的风水文化。

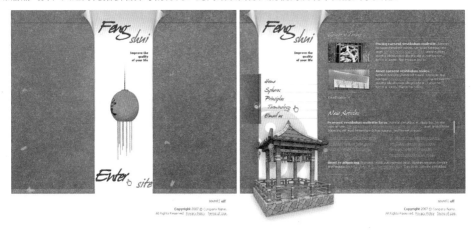

Fengshui网站

　　Love Declaration 婚庆网站，封面页采用心形、花、嫩芽、圆环、光芒等图形元素，颜色饱满、温馨。使人充满爱的浪漫、向往与祝福。通过单击 ENTER 按钮则进入栏目页面。

Love Declaration网站

　　对于移动 Web 或 APP 也是如此，封面页通常由标志、标语口号、寓意明确的典型图形或场景组成。封面页停留一小段时间以后通常会自动转入一级内容页。

ARCHITECTURAL移动APP　　　　　　Fetch移动APP　　　　　　Uncle Dick's移动APP

5.2.8 第一屏

第一屏也称网页的可见区域，是指网页上不需要拉动滚动条就能看到的区域。而折叠位置是指网页在屏幕上可见区域的最下方位置，折叠位置取决于用户的屏幕分辨率。既然折叠位置是不需要滑动滚动条就能看到，此区域的广告点击率相对较高。网站的主导航一般位于页面的顶部或左侧，即便位于页面底部的主导航也不会低于折叠位置，而这种情况在内容较少的首页可能出现，在内容较多的详细页面几乎不会把主导航放置于页面底部。重要信息也需要在第一屏中显示出来，同时，在第一屏出现的广告位价格也会较高。

SMART BARGAINS 折扣电子商务网站（www.smartbargains.com），下图中橘黄色弧线上方为第一屏显示的内容，其下的内容需要拖动浏览器右侧滚动条才能够观看。导航菜单按照"Γ"形布局。以销售为主的电子商务类网站尤其以第一屏的设计为重。

SMART BARGAINS 网站

5.3　交互的视觉呈现

　　Web 导航的交互设计建立在以用户为中心的理论体系之上，测试用户在特定情境下使用电脑的输入／输出设备与界面交互时的行为态度和思维反应，进一步改进网站的信息结构、界面的视觉布局和交互方式，为用户提供更优化的交互体验。

　　交互设计上，网站导航更要关注浏览者的用户体验。小到鼠标滑入滑出时按钮的状态，大到表单填写的有效性验证，随时随地都要与浏览者进行信息交流与反馈。而良好的交互设计能够吸引浏览者的兴趣点，引导用户浏览和操作，实现网站建设目标。

　　化妆品玉兰油的中文网站（www.olay.com.cn），主导航采用菜单形式，首页中部是新产品推广的动态广告。玉兰油品牌的标准色以黑色和金色为主，主导航采用黑色文字，子导航为金色底反白字，光标滑过之后背景色转变为黑色，并出现 Alt 说明性提示文字。

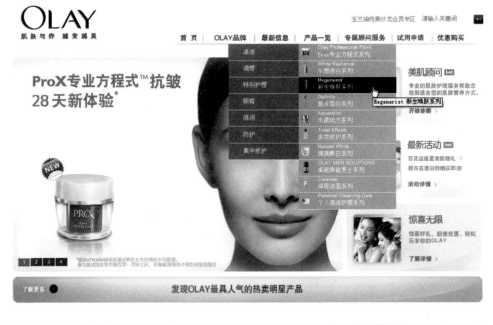

化妆品玉兰油的中文网站

5.3.1　导航菜单的交互视觉效果

Telstra 网站（telstra.com.au）首页中，当光标滑过有链接的图标时，图形和文字由白色转变成蓝色，文字增加了下划线，相应的，图标的背景颜色也发生了改变，光标由箭头转变成小手。

图标交互效果

当用户光标滑过快速链接导航条时，导航条上的文字由灰色转变成黑色，文字下方出现下划线，光标由箭头转变成小手。

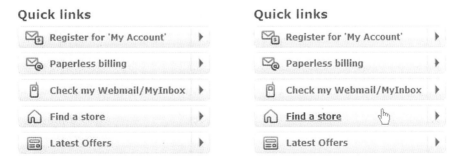

快速链接导航条交互效果

当用户光标滑过中部主菜单项时，此菜单项文字由白色转变成深蓝色，背景由深蓝色渐变成浅蓝色，下部延续出下拉 Mega 菜单供用户选择子菜单项，同时出现 Alt 说明性提示文字，光标由箭头转变成小手。

主菜单交互效果

当用户需要返回到首页时，利用导航的重复性设计原则，用户不仅可以点击顶部"Telstra home"主菜单项，还可以点击网站的"Telstra"logo。当用户光标滑过"Telstra"标识时，标识本身下方增加"homepage"文字，标识周围出现浅灰色倒角框，并出现 Alt 说明性提示文字"Return to the Telstra homepage"，光标由箭头转变成小手。

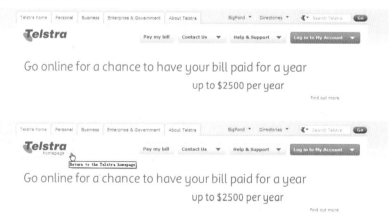

标识交互效果

5.3.2　Ajax技术的应用

　　浏览者也许并不希望每次完成一个简单任务时，都要被迫进入更深层次的子页面或对话框。例如在购物过程中，当用户浏览栏目内容时，需要打开新页面来显示子栏目内容，当用户需要更多商品信息时，需要进入新页面来展示商品大图和规格、技术参数等信息，这种方式增加了信息构架的层次和分支，可能给浏览者带来困惑。

　　不断发展的网站制作软件、语言和行业标准提供了 Ajax 技术（旧的技术，新的组合用法），使得展示不同信息时不必反复刷新整个页面，提高了网站浏览效率。

　　奈卜特是一个倍受全球女性推崇的在线购物网站（www.net-a-porter.com），在其商品详细页都设置了放大镜效果的交互技术：当浏览者鼠标单击放大镜图标 "CLICK TO ZOOM"，然后移动鼠标时，商品的局部就会在右侧清晰地呈现出来；单击播放视频 "PLAY VIDEO"，右侧就会播放模特穿着此服装的走秀视频；在商品的设计说明、使用说明、规格参数部分，当鼠标移动到不同标签上时，不必刷新整个页面就可以让显示的内容随之更改，这里使用的也是 Ajax 技术。

奈卜特购物网站产品页的Ajax技术

5.3.3　Flash技术的保全方案

　　Flash 技术能够在一定程度上增强和改善用户体验——Flash 按钮、交互式动画、flv 视频播放等等，都是目前使用较多的技术。例如，以售卖高端百货为主的"纽约第五大道在线"（saksfifthavenue）首页，采用了 Flash 技术展示"感受浪漫"的主题服饰。虽然 Flash 技术发展迅速并为大部分商家和用户支持，但为了避免个别用户的软硬件对 Flash 的支持出现问题，有的网站界面提供 Flash 和 HTML 两种模式。

　　bio 网站（www.biowind.ro）首页中，用户首先需要选择浏览 Flash 或者 HTML 站点，然后将跳转到不同的界面。即便用户的浏览器中没有安装 Flash 插件，也能够观看相似风格和内容的 HTML 页面，只是动态效果和趣味性弱了一点。

bio网站首页

Flash界面

HTML页面

5.3.4　链接文本的四种状态

链接文本可以设定文本的四种状态：link、hover、active、visited。

- link为有链接的文本初始状态，即光标没有滑过时的状态；

- hover为当用户光标滑过文本时的状态；

- active为正处于链接跳转过程中文本的状态；

- visited为用户已经进行过链接跳转之后文本的显示状态。

应用时请注意：

- 有链接的文本为了和无链接的文本相区别，link状态是需要设定的；

- 为了增加与用户的交互性，一般hover状态是必须设定的，与link状态有微妙的变化；

- active状态在链接跳转过程中用户的关注度不强，可以与hover状态相同；

- visited状态根据需要，有的界面不希望把用户链接跳转后的痕迹表现出来，那么就与link状态相同即可，但对于存在大量文字信息标题的界面（例如搜索结果页面或新闻列表页面），有时用户会忘记哪些标题查看过、哪些还没有查看，因此需要设定visited状态，并与link状态区别开来。

在 CSS 禅意花园网站（csszengarden.com）中，一段有链接的文字（link 状态）采用浅紫色，其字体和字号也和其他没有链接的文字不同；当光标滑过此文字（hover 状态）时，文字出现下划线，并出现 Alt 说明性提示文字 "A listing of CSS-related resources"，光标由箭头转变成小手；链接跳转过后，文字的状态（visited 状态）恢复如初（link 状态）。

Participation

Graphic artists only please. You are modifying this page, so strong CSS skills are necessary, but the example files are commented well enough that even CSS novices can use them as starting points. Please see the CSS Resource Guide for advanced tutorials and tips on working with CSS.

You may modify the style sheet in any way you wish, but not the HTML. This may seem daunting at first if you've never worked this way before, but follow the listed links to learn more, and use the sample files as a guide.

Participation

Graphic artists only please. You are modifying this page, so strong CSS skills are necessary, but the example files are commented well enough that even CSS novices can use them as starting points. Please see the CSS Resource Guide for advanced tutorials and tips on working with CSS.

You may modify the s A listing of CSS-related resources t not the HTML. This may seem daunting at first if you've never worked this way before, but follow the listed links to learn more, and use the sample files as a guide.

CSS禅意花园网站

5.3.5 链接的响应区域

最后，我们还要注意链接的响应区域。不论是手指操控触摸屏还是鼠标操控普通显示器中的软件，都需要设计交互响应的有效区域。响应区域不能过小，否则会给用户操作带来麻烦，很难被用户识别并点击。

全球著名的搜索引擎谷歌网站（www.google.com.hk），界面中"上一页"和"下一页"的响应区域甚至包括了 Google 标识的部分字母，以方便用户点击。

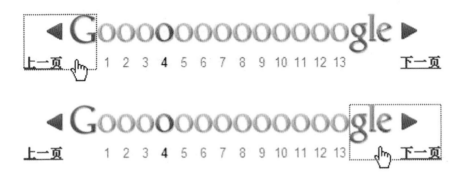

谷歌网站链接的响应区域

在 Flash 中，按钮的第四态（hit）用于绘制响应交互的有效区域。将文字打散为图形的按钮或者其他有镂空图形的按钮，需要在 hit 状态绘制此按钮大小的封闭实体图形（颜色和透明度不必考虑），否则在镂空的区域就不会响应按钮的交互动作。

up	over	down	hit	测试
Action	Action			Action
Action	Action		▬▬	Action

Flash中按钮的响应区域

5.3.6 Material Design交互动效

动画效果（简称动效）可以有效地暗示、指引用户。动效的设计要根据用户行为而定，能够改变整体设计的触感。通过动效，可以让物体的变化以更连续、更平滑的方式呈现给用户，让用户能够充分知晓所发生的变化。动效应该是有意义的、合理的，动效的目的是为了引导用户的注意力，并维持整个系统的连续性体验。动效反馈需细腻、明确，转场动效需高效、流畅。

Google 发布的 Material Design 设计规范中：

- 真实的动作（Authentic Motion）不止是呈现着它美丽的一面，还意味着表达空间中的关系、功能以及在整个系统中的趋势；

- 响应式交互（Responsive Interaction）可以让用户感知自己的操作，并引导用户行为，产生信任、满意或愉悦；

- 谨慎编排的、有意义的转场动画（Meaningful Transitions）可以在有多步操作的过程中有效地引导用户的注意力，在版面变化或元素重组时避免造成困惑，提高用户的整体审美体验；

- 动画设计不仅应当优美，更应当服务于功能；

- 动效是让用户愉悦的细节（Delightful Details），从细小的图标到核心的场景转换和动作，动画可以存在于应用程序的所有组件和扩展中，所有元素共同构建出一个提供无缝体验、美观且功能强大的应用。

动效无法用图片展示，请参考：http://www.yunrui.co/16053.html，或搜索"APP动效"

5.4　格式塔效应

格式塔系德文"Gestalt"的音译，主要指"完形"，将具有特定信息的单个构成部分作为一个整体来感知。格式塔学习理论是现代认知主义学习理论的先驱，于 20 世纪初由德国心理学家韦特海墨（Max Wetheimer，1880～1943）、苛勒（Wolfgang Kohler，1887～1967）和考夫卡（Kurt Koffka，1886～1941）共同创立。格式塔虽起始于视觉领域的研究，但不仅限于此，格式塔心理学家们用格式塔来研究心理学的整个领域。我们从接近性、相似性等几个方面来阐述视觉领域格式塔原理的主要内容。

5.4.1　接近性

接近性（Law of Proximity）。彼此在时间或空间上相近的元素会被感知为一个整体。相邻信息，用户会把它们相互关联。

5.4.2　相似性

相似性（Law of Similarity）。具有相似特征（形式、颜色、大小、亮度、方向、质感等）的元素容易被感知为一个整体。

5.4.3　连续性

连续性（Law of Continuity）。对视觉、听觉或运动元素产生的延续性感知。比如对齐、由小元素组成的线条（直线、曲线），形成连续性。

5.4.4　对称性

对称性（Law of Symmetry）。对称的元素会被看作一个整体，哪怕距离较远。

5.4.5　完整和闭合倾向

完整和闭合倾向（Law of Closure）。知觉印象随环境呈现出最为完善的形式。彼此相属的部分，易组合为整体，反之，彼此不相属的部分，则易被隔离开来。我们心理倾向把一种不连贯的、有缺口的图形尽可能在心理上使之趋合重构。由线框、颜色背景、大块空白，可以被感知为封闭区域。

5.4.6　共同方向运动

共同方向运动（Law of Common Fate）。作相同方向移动的元素容易被感知为一个整体。

5.4.7 主体背景法则

主体背景法则（Figure ground relationships）。在一个视野场中，有些对象凸显为图形主体，有些对象退居到隐性地位而成为背景。一般说来，图形与背景的区分度越大，图形就越容易被感知，例如，绿叶显红花；反之，图形与背景的区分度越小，就越难把图形与背景区分开来，例如，军事迷彩伪装。要使图形成为感知的主体，不仅要有突出的特点，而且要有明确的轮廓。

Gretchen Kolderup 个人网站（www.librarified.net）中，页面主要内容呈现在白色记事本纸张上。根据主体背景法则，带有透视效果的图书馆书架隐为背景，表明了网站作者的工作环境；根据接近性原则，不同的行间距和段落间距区分了不同的内容块；根据相似性原则，暗红色背景条的主导航和栏目标题一目了然；根据对称性原则，页面顶部一对绿色的大括号把几个导航图标框在其中，增加了信息块的整体感；根据连续性原则，网站中不同的页面风格一致、导航布局一致，带给浏览者不必过多思考的阅读习惯。

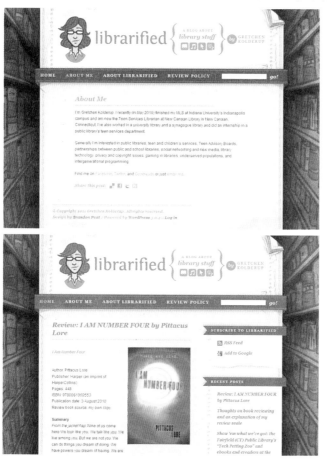

Gretchen Kolderup个人网站

Bandro 网站（www.bandro.com），背景颜色很容易把页面内容分为头部（Header）、内容（Content）、底部（Footer）三个部分。充分利用了接近性、相似性、连续性等格式塔原理来组织和布局页面信息。

bandro网站

5.5 视觉影响

导航布局时主要考虑三个方面：分组及对齐、视觉层次和视线流。分组及对齐用来解决信息之间的关系问题；视觉层次用来区分信息的重要程度；视线流则用来控制用户视觉焦点的流向。这三个方面互相依存、互相影响。

5.5.1 分组及对齐

分组及对齐是网页排版布局最常用的方法，作为视觉元素的导航也是如此。分组及对齐主要包括以下几点原则。

- 相邻性原则：用户把相邻的信息相互关联起来；

- 相似性原则：颜色、大小、形状、方向相似的元素，用户认为它们相互关联；

- 连续性原则：对齐，由小元素组成的线条（直线或曲线）会形成连续性；

- 封闭性原则：线框、有颜色的背景、大面积的空白，都会形成封闭区域。

THE easy designs BLOG 网站（blog.easy-designs.net）桌面版页面，由绿色和蓝色背景条水平分隔几个信息区块，左上角是标志，右侧为搜索，接着是网站广告语，然后是"PROGRAMMING"、"PROCESS"等几个栏目。从均匀的对齐，一致的字体样式、颜色、背景色、统一的矢量风格图形等，可以很容易地区分信息的分类和联系，便于搜寻所需信息。响应式设计使其在移动端也表现出色。

THE easy designs BLOG网站

这是俄罗斯设计师的 SVOY 应用设计，打开 APP 会有片刻的晕眩感，因为五颜六色板块众多，但只要冷静下来，就会发现它是通过色彩、板块有效地组织起来的，使用起来并不会让人迷惑。

SVOY APP（图片来自互联网）

5.5.2　视觉层次

视觉层次可以通过位置、对比、样式等方法来形成。

- 按照中文的阅读习惯，一般认为左上角优先，右下角最弱；
- 越大、越粗的文字越重要；
- 缩进的文字具有从属性；
- 前景与背景颜色反差越大强调性越强；
- 线框中的内容为一组，同一背景的内容为一组关联信息；
- 大面的空白中的聚集信息容易形成视觉焦点。

时尚品牌 Calvin Klein 网站（www.ck.com），手表及首饰页面，全局导航由纤细的文字构成，位于最常见的顶部位置，虽关注度不高却容易定位。同样，版权声明位于底部常规位置，文字小而灰，关注度也不高。而"ck"标志位于左侧偏上位置，周围有大面积的空白，从而形成视觉焦点。大幅时尚图片占据右侧一半的空间，图片中模特的姿态和视线使手臂上的手表格外醒目。整个页面凸显了 CK 品牌及其产品。

Calvin Klein 网站

数读是一款小众新闻阅读类 APP，其主旨是用数字阐述事实并讲解数字背后的故事。整个界面以白为主色，数字和文字为不同明度的灰色，少量的红色作为点缀，视觉层次鲜明。通过版式和色彩真正体现了以数字为主，简单易读的主旨精神。

数读 APP

5.5.3 视线流

从上到下、从左到右是阅读默认的视线流，但用户已有的知识和经验可以造成视线选择性。焦点吸引视线，周围空白的信息点、宽高比例差别大的图形、粗而大的字体、强烈对比的颜色，以及动画、视频、饱和度高的彩色图像都会造成视线流向的节点。

UNISA 网站（www.unisa.com）是女性时尚用品网站，封面页中右下方大面积的空白使视觉焦点集中到左上角的内容。视线流从女性优美的脚踝开始，表明网站用户群的性别特质，然后是 UNISA 文字标志以及下面的促销信息。

UNISA网站

5.6 导航布局

网页导航的布局非常灵活。

- 一般情况，导航位于顶部居中或纵向居左的偏多。如果导航位于右侧，为了避免干扰，原来在右侧下方常出现的友情链接和广告按钮可能就不会在第一屏出现，或者把它们放置在页面左下方。

- 如果导航位于页面底部，则通常在折叠位置以上，即一屏之内一定能看得到。

导航布局的各种方式常常混合使用，比如：全局导航在标志下方居左水平排列，实用性导航位于顶部右侧水平排列，局部导航垂直左侧排列。

5.6.1 横向顶部

主导航水平位于页面上方，这是导航的常见位置。人们常规的阅读习惯是从上而下、从左到右，所以主导航菜单一般都布局在页面顶部，水平排列。对于布局稳定的全局导航，用户的阅读经验使其知道全局导航的常规位置和功能，虽然关注度不高，一旦需要使用时却可以轻松定位。

myphotoportfolio 网站是一个摄影作品展示网站，信息量不大。页面布局从上到下分别是：网站标志、主导航菜单、照片和版权声明。整体版式工整简洁。

myphotoportfolio网站

5.6.2 纵向左侧

按照视线流从上到下、从左到右的习惯，也会把全局导航或局部导航设置在页面左侧垂直排列。

DYNAMIC BUSINESS 网站是一个内容适中的 Flash 站点。全局导航菜单位于页面左侧，单击导航栏目显示详细内容时，导航文字由白色变蓝色，并向右侧轻微位移，同时，背景发生些许光影变化。

DYNAMIC BUSINESS网站

5.6.3 横向底部

如果导航位于页面下方折叠位置以上:

- 一种情况是页面内容比较少,一屏就可以全部显示;

- 另一种情况是内容很多,需要拖动滚动条才能看下面的内容,但拖动滚动条时,导航的位置始终位于底部,并不会随滚动条向上滚动以致消失,即采用了浮动布局法。

ELECTRIC SPIN CORPORATE PROJECT 网站首页,内容不多,一屏之内可以完全显示。主导航水平位于页面底部。单击某菜单项时,该栏目由红底白字变成浅灰底深灰字。

ELECTRIC SPIN CORPORATE PROJECT网站

5.6.4 纵向居中

纵向居中的导航会把整个页面一分为二,信息内容分列左右两侧。用户浏览信息时会受到中间导航条的干扰,思维出现停顿和跳跃。

比较好的处理方法是,纵向居中的导航平常为收起状态,光标划过后伸展开,单击选择某菜单项后再次收起,空出版面来显示具体内容。

　　PHOTOPORTFOLIO 摄影网站，导航
居中，平常状态时导航收起，光标划过后
展开下拉菜单，选择相应栏目后导航收起。
导航采用半透明效果，降低了居中导航对页
面的分隔感。

PHOTOPORTFOLIO网站

5.6.5　随意布局

　　貌似随意布置的导航菜单项，给人自然放松的感觉，但是，在细节处理上，设计风格上应保持一致，
文字、颜色、图形、背景、投影等视觉元素设计应统一。各导航菜单项间距小于导航菜单项整体与其他内

容之间的距离，或者导航菜单项周围有大面
积的空白，从整体看，有很明确的信息块的
印象。

　　Chuck-Chuck 个人站点，导航包
括：home、photo、about、hobby、
contact 五个菜单项。每个菜单项文字的
字体、字号一致；背景颜色饱和度统一，
色相分布均匀；背景模拟随意摆放的纸片，
方向、曲度和投影略有不同。光标滑过菜单
项时，纸片微微翘起，投影随之拉长。导航
菜单整体位于页面右上角，与左侧的标志和
下方的内容区域有明显的空间。

Chuck-Chuck网站

5.6.6 浮动布局

浮动布置的导航菜单，通常使用在设计感强、页面较长的网站。如果只在第一屏设置主导航菜单，向下滑动时没有导航菜单就只有把页面重新返回首屏或滑到底屏来寻找导航了。浮动设计使导航菜单始终出现在屏幕中，既可以节省空间，又可以让用户在页面中的任何位置随时使用。

fishy 网站（www.fishy.com.br），以突出设计感为首要目的，需要呈现的文字信息较少。网站只有一个页面，可以拖动右侧滚动条来逐一显示页面内容。同时，主导航菜单在页面右侧可展开或折叠，随着页面的滚动，主导航菜单随页面向下移动，即在页面任何位置都会出现主导航菜单。单击菜单项目可以直接跳转到相应位置，效果就像页内的锚点链接。

fishy 网站

　　BOBADILIUM 网站（bobadilium.com），整个网站只有一个非常长的页面。导航菜单位于页面顶部，拖动右侧滚动条，逐一展示整个页面的各个部分，与此同时，导航菜单会一直浮动在顶部，并根据不同栏目背景色更换导航文字的颜色。每个栏目的内容部分都设有返回顶部（BACK TO TOP）的链接。

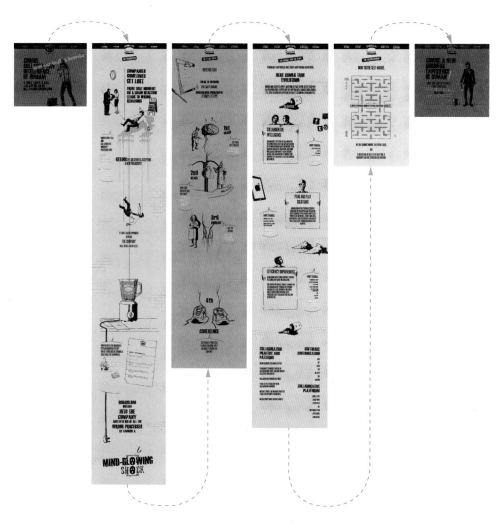

bobadilium.com 网站

第6章

导航评价

给浏览者带来良好用户体验的 Web 导航具有一定的衡量标准。"导航的成功是相对的：对一个好的网站导航，应用到另一个网站可能就是灾难性的。不过，大多数情况下都普遍适用的指导方针是存在的。" [23]

通过一定的衡量标准，可以评价 Web 导航的有用性和可用性问题，实现网站的建设目标。

6.1　导航评价方法

优秀的导航需要满足很多条件：

- 导航的设计应该与其站点类型相匹配；

- 导航的层次和数量要与整个网站信息结构的广度和深度相适应；

- 用户在网站中可以随时感知自己所处的位置并知道如何搜索所需要的信息；

- 页面上信息布局合理，恰当地使用空间和色彩；

- 导航的设计便于浏览者学习使用，不会产生混乱和困惑；

- 导航提供多种适合的搜索模式供浏览者选择，能使浏览者快速到达目的地；

- 导航的视觉设计和交互设计具有统一性，浏览者可以很容易地学习、习惯或预测结果的样式；

- 导航的图形和文字易于理解、意义明确，没有歧义和重叠。

总的来说，导航的评价从以下几个大方面入手。

6.1.1　符合用户目标

　　网站的使用者并不一定是网站的目标用户，网站在策划初期就需要明确所开发产品的目标人物角色（Persona），并以此创建和测试网络产品和服务。同一个公司针对内部员工、销售团队、普通大众可能分别设置内部网、形象类网站、电子商务类网站等。导航的设计与其提供的信息服务和目标用户密切相关，导航除了解决最基本的"我在哪"、"我可以去哪儿"以及"我如何去那"的问题以外，还要针对目标用户可能发生的不同使用情境进行设计，优秀的导航设计必定为目标用户提供良好的用户体验，达到有效率、有效果的目的。导航的设计也不仅仅是导航菜单的外观设计，它渗透到用户定义、信息结构、界面布局等各个方面。

　　用户的在线行为主要有两种类型：目的型和冲动型。

　　目的型意味着用户访问站点是为了目标明确地完成特定任务，冲动型意味着用户只是打算随便看看，打发时间。针对目的型设计的导航应符合用户的经验习惯，位置明确，容易使用；针对冲动型设计的导航应丰富有趣，激励用户的探索和深入行为。

　　可以通过不同的导航方法来支持不同的用户动机和行为。例如：网站的搜索框一般都布局在页面顶端的醒目位置，简单无装饰，方便用户输入关键词快速找到可用信息；而电子商务网站提供的热门卖家、相关或同类商品推荐等栏目则用来刺激用户进一步的浏览和消费行为。

　　但是，如果某些人没有道德底线，也可能利用这种公共平台发布虚假信息或对竞争对手不利的信息。

亚马逊网站（www.amazon.com），在商品详细页面布局了产品照片和用户分享的个人购买的商品照片，并且提供了商品评分、用户评价、产品销售排名，并提醒其他用户还购买了哪些产品作为参考。除了商家的常规介绍以外，亚马逊网站提供了自由的用户信息交流平台，绝大部分用户认为这是相对公证、可信、可参考的，许多交易都是在对用户评价信息调研后完成的。

亚马逊网站

6.1.2　与网站类型相称

　　根据网站提供的功能和服务，我们将大部分网站归纳为以下几种类型，每种类型都有自己常规的设计模式，导航的要求也大相径庭。

1. 新闻信息类

　　在讨论新闻信息类网站的导航设计之前，需要对新闻信息类网站对传统信息载体的优势和特点有所了解。

　　首先，基于数据库、云计算、网络媒体的新闻信息类网站能够给用户提供从刚刚发生的到若干年之前发生的所有新闻信息，超链接使发生新闻的关键信息互相联结，新闻信息类网站既具新闻价值，又具历史价值。而传统的报纸杂志只能提供当天或本周的新闻信息，早期的新闻只能去图书馆查询，再加之报纸杂志的版面有限，广播电视的时间有限，所提供的信息量也有限。

　　其次，新闻信息类网站的受众更加广泛，受众不仅是新闻的浏览者还可以是新闻的传播者或提供者。微博使普通大众提供实时新闻成为可能。而传统的新闻载体的盈利模式导致受众的划分比较明确，普通百姓的低价报纸、白领名流的时尚杂志、等待区的免费画册、家中及移动交通工具上的广播电视等，均选择有限且明确的目标受众。

　　再者，新闻信息类网站可以采用图、文、声、像等多种媒体形式，新闻的广度和深度比传统媒体的更具优势。

　　新闻信息类网站的导航首先要提供合理并通识的信息分类，页面中突出重要的新闻事件，页面各板块布局不宜经常变化。新闻文章标题要概括切题，并给快速浏览的用户提供摘要或简介，适当地提供上下文链接来增加新闻的广度和深度。另外，利用搜索引擎来提供具有良好组织性和逻辑性的搜索结果。新闻信息类网站，主导航菜单一般位于页面上部，水平排列，导航或标题常为文字 <font> 标记，页面中几乎没有单纯为了美观的装饰性图片，信息块常用细线或背景色相区隔。

英国广播公司BBC网站（www.bbc.co.uk/news）新闻频道，比较连续两天的页面内容，头部主导航部分除了日期以外没有任何改变，页面各板块布局也没有变化，但各板块的新闻内容变为当天的首要新闻，根据内容多少或重要程度，垂直方向略有伸缩，相应地，旧的新闻位置会下推或删除，或需要进入板块详细页面才可见。

英国广播公司BBC网站

2. 电子商务类

电子商务类网站使人们的生活更加方便，随着移动设备、互联网和物联网的发展，人们可以随时随地订购商品并送达指定地点。用户享受了搜索发现的乐趣（大概源自古人的采摘和狩猎乐趣）、简单方便的交易过程，并且省去了搬运劳累之苦。电子商务类网站的导航渗透到诸多方面：从网站整体信息构架到销售产品分类，从网站服务流程到用户反馈评价，从新产品推广到界面设计等等。

优衣库网站（www.uniqlo.cn），顶端左侧主导航分为：男人、女人、儿童、幼儿四大类，简洁明确。顶端右侧为在线购物相关的实用工具导航。左侧标志下方紧挨着搜索工具，然后是货品分类导航。网站把货品分类的主动权交给了用户，用户可以选择按照销量、新品、价格、收藏的方式进行，增加了用户的参与性和自信心。右侧的优衣库 BABY 服推广广告占了较大的面积，比较醒目，下方是幼儿服装的产品展示，有名称、照片、价格、人气等参数。页脚导航部分包括店铺资料等辅助导航内容、语言及地域等实用工具导航内容和隐私版权声明。

优衣库网站

销售商品是电子商务类网站的首要目标，因此，导航设计需要重视以下几点：

- 产品分类要符合用户的认知习惯，网站应提供多种导航方法确保用户以最快的、熟悉的方式找到所需产品；

- 搜索引擎要放置于接近顶端的显著位置，支持高级搜索和模糊搜索；

- 对于促销或特色商品，有必要在网站首页的醒目位置进行宣传；

- 对于用户选择的商品，网站通过用户行为数据分析，为其推荐同类或配套商品；

- 最后，网站还应提供用户收到货品后的评价反馈的社区空间，方便用户之间交流感受，促进商家提高服务质量。

国外电商APP（图片来自互联网）

3. 非营利组织类

非营利组织类网站，如博物馆、各类社会团体和组织的网站，既没有新闻信息类网站大量的需要及时更新的信息内容，也没有电子商务类网站需要促销的丰富商品。这类网站主要是完成宣传、告知、普及知识的任务，提供大众可参与的、有一定意义的活动。虽然是非营利的，也需要政府拨款、社会募集、赞助，以维持机构的正常运营。这类网站的导航项目除了机构的组织结构、服务时间、到达路线，以及规划的展览、讲座、参观等活动信息，还设置赞助、捐献、会员等栏目。

SFMOMA 旧金山现代艺术博物馆网站（www.sfmoma.org），首页中间大部分面积用来推介最新展览、讲座和演出。导航栏目主要包括：参观、展览、关于我们、会员、商店等，还可以在线订票和租借场地。作为非营利性的博物馆，虽然有国家财政补贴，但仍需要社会团体和个人的财物支持才得以运营地更好。

SFMOMA旧金山现代艺术博物馆网站

4. 形象类

形象类网站的主要目的是宣传自己，让更多的用户了解该机构、产品、活动和相关理念。这类网站的内容结构相对简单，网站的视觉设计占很大的比重，以体现机构的视觉形象（Visual Identity）。

- 如果此机构是产品生产公司，其产品主要为线下销售或其他电子商务类网站在线销售，也有一些公司形象类网站在本站点中设置在线销售板块；

- 如果此机构是艺术工作室，网站主要以展示公司实力为主，包括：公司作品、服务客户、成功案例等；

- 如果网站不直接售卖商品，内容又比较少，就可以做成静态的HTML站点或者交互效果较强的Flash站点。

政府机构网站以树立良好的形象为主，提供国家颁布的政策法规，当地的招商咨询信息以及旅游资源等。开放的政府机构网站会提供新法规或大事件的调查栏目，以及论坛、留言板等促进普通百姓与政府工作人员沟通的渠道。

ah-studio 设计工作室网站（www.ah-studio.com），只有"新闻"、"作品"、"联系我们"等几个栏目，信息结构简单。在作品栏目里展示了大量的工作室作品。网站以宣传介绍自己为主要目的，但是工作室的视觉形象不够突出，交互的灵活性较弱，也许这就是网站很快改版的原因吧。

ah-studio设计工作室网站

5. 娱乐游戏类

　　娱乐游戏类网站的目的是娱乐大众，给用户提供一个开放的网络平台来放松心情。因此，娱乐游戏类网站的导航也不会像新闻信息类网站那样严肃、规矩，娱乐游戏类网站导航围绕着娱乐或游戏的主题可以设计得非常灵活，甚至带有个性十足的实验性。

　　battlenet 游戏网站（www.battlenet.com）推出的两款游戏：魔兽世界和星际争霸。由于是一个公司的两款产品，其界面布局基本保持一致，节省设计师的制作成本和用户的学习成本，而背景、按钮、图标、颜色等视觉元素则根据各款游戏的气氛有所不同。

battlenet游戏网站

6. 学习培训类

随着远程教育、网络学堂的普及，学习培训类网站为越来越多的人提供了学习机会和渠道，包括：授课视频、电子课件、测试习题、与教师的即时通信、公告板、电子邮件等等。学习培训类网站的导航设计适合简洁明确的风格，以提供良好的网络学习环境为目的，而网络测试则更需要直接简单的指示性导航，帮助学生迅速适应考试流程。

国际开放远程教育研讨网站（www.irrodl.org），提供免费的 HTML、PDF、MP3 文件供用户下载学习。可以通过作者、题目或主题来搜索相关文件，除了下载、电邮或打印文件，还可以与作者联系、发表评论等。

国际开放远程教育研讨网站

7. 社区类

　　论坛、留言簿、博客类网站提供人们交流的虚拟空间，分享新闻、知识、个人经历和观点。社区类网站鼓励信息共享和社会监督。导航的设计一般比较简单明了，但用户可以根据个人喜好置换皮肤或栏目排序以增加参与性和趣味性。

　　公共空间的交互展示网站（magicalmirrors2006.wordpress.com），可以设置博客栏目，发表交互设计相关知识。

公共空间的交互展示网站

　　Tripadvicor 中文官方网站（www.daodao.com），是旅游资讯分享类网站。在很多旅店、饭馆、公园等机构的游客接待大厅都张贴着其在 tripadvicor 网站中的评价认证。

tripadvicor中文官方网站

8. 内部网

企业或公司内部网是机构内部成员根据特定权限进行内部信息分享、员工培训、公文流转、视频或电话会议等的工具。内部网具有一定私密性，机构外部用户没有权限访问或者只能访问网站设定的一定区域。内部成员需要提供用户名、密码等信息才能登录，并且用户级别不同，开放的权限也不同，因此，不同的成员登录同样的栏目可能看到的内容是不同的。内部网各级别的用户权限设定与网站提供的信息和功能密切关联，构成非常复杂的后台系统。内部网的导航是以为内部员工提供网络工作平台为目标，设计上要简洁明了，用户可以根据导航清楚地查询所需要的信息，顺畅地执行公文流转，并对机构内部各级权限的员工保证信息的安全。

清华大学出版社的内部网分两部分：OA 和 ERP，OA 主要负责发书明细、库存数量、销量以及社内通讯等功能，ERP 主要负责图书制作流程的相关功能。两大系统结合应用，基本实现无纸化办公（当然，作为出版社核心业务之一的编辑加工还是在纸上进行的）。OA 系统导航一横一纵，一目了然，ERP 相对复杂一点，功能区分成了几个板块，各个板块还可以用标签导航切换，也非常方便。两个系统都是基于权限分配相应功能，如下为策划编辑的相应截图。

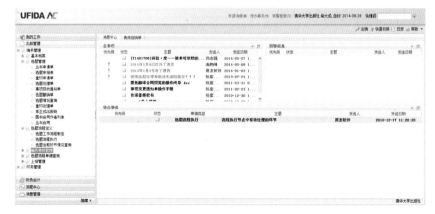

OA界面

ERP界面

6.1.3　广度与深度的平衡

　　网站的信息构架中，需要注意对信息的广度和深度构架进行平衡。在页面上表现为导航菜单项目数和每个导航菜单之下的子栏目结构的级别数之间的平衡。用户在浏览页面信息的时候，通常首先横向扫视导航菜单，选择后再纵向浏览子栏目。对于确定内容的网站，导航菜单项目数越少，子栏目结构的级别数就越多；反之，导航菜单项目数越多，子栏目结构的级别数就越少。信息的广度过大，会使用户认为网站的内容过于繁杂而难以选择；信息的深度过大，会使用户在信息纵向走的太远而迷失方向。所以，对信息的广度和深度进行平衡尤为重要。

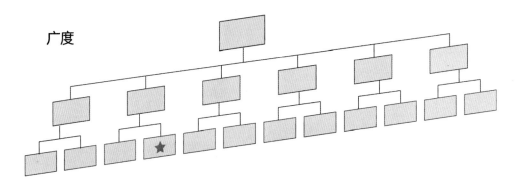

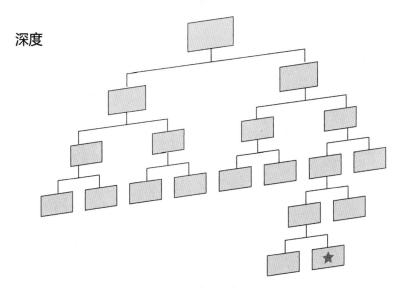

信息的广度和深度

6.1.4 视觉清晰

在网站的导航设计上，可以借鉴人们在传统媒体中已经习惯的阅读方式，并选择人们熟悉的、较少产生歧义的视觉符号。不论是执行链接信息内容的元素还是执行操作动作的元素，视觉设计上都要明确其可点击性，并对用户操作带来及时的反馈，同时，不要给页面整体设计带来不和谐的影响。

- 信息层次需要结构清晰，导航栏目的广度和深度要与网站信息结构一致；
- 信息块布局要合理，能够按照网站建设目标对大部分用户产生有效地视觉引导和行为指导；
- 用户可以轻松地感知"我在哪儿"，"我可以去哪儿"以及"我如何去那儿"；
- 良好的方向感可以带给用户信心和愉悦，从而建立良好的用户体验。

JORDANHOLLENDER 摄影网站 (www.jordanhollender.com)，作品位于左侧占 2/3 的面积，标志、主导航和友情链接位于页面右下角，与照片相关的操作和页码布置于页面左下角，页面设计简洁清晰。

JORDANHOLLENDER摄影网站

6.1.5 统一性

网站页面的导航需要在变化中求统一。网站整体的导航设计不同于单独页面的设计，实际上也不存在单独的页面设计。网站的各个页面需要做到风格统一，界面一致。一致并非一成不变，而是代表着网站界面设计的标准化和统一性。利用模板，一方面可以简化制作流程，一方面还可以使同级页面达到视觉的一致性，减少不必要的思考。

40Digits 设计公司网站（40digits.
com），有一个主页和四个二级页面。
页面布局一致，主导航菜单位置不变，
二级页面的导航项为醒目的红底反白
字，页面标题位于主导航菜单下方，
然后是页面介绍和内容信息。

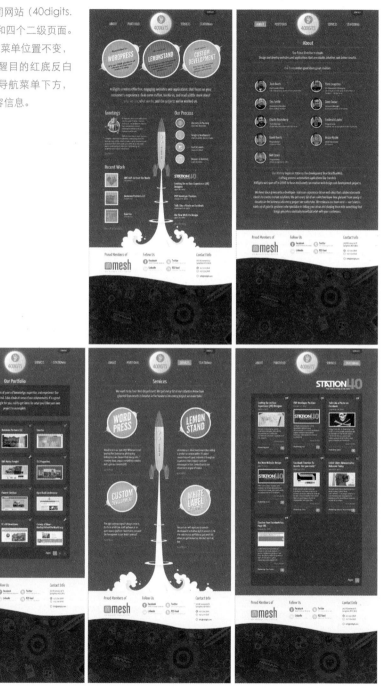

40Digits网站

页面设计要素的位置、颜色、大小、交互方式上的细致变化可以制造出网站信息在深度上的行进感。如果网站的所有页面设计过于雷同，用户反而会找不到方向而迷失自己，一般来讲：

- 层级递进界面的导航设计会略有区别，详细页中为了加大信息内容区域的空间而缩短主导航顶部的空间；
- 有些网站首页中的水平布局导航条在详细页中排版为垂直布局导航条；
- 也有些详细页中的导航简化为本栏目的导航项，如需跳转到其他大栏目则需要返回首页后再次选择；
- Web导航的标准化设计可以减少浏览者在浏览网页时的操作不确定性和随意的匹配关系。

　　我们来看一下 Pline 建筑工作室网站（www.plinestudios.com），各级页面风格统一，首页展现工作室的主要形象和业务以及网站的栏目，各二级页面排版布局一致，与首页相比有明确的递进感。

Pline建筑工作室网站

6.1.6　良好的反馈

　　导航需要指引用户位置并明确其要去的方向，导航应该给用户提供一个明确的交互反应："我有链接"，"点击我可以跳转"。

　　网站的可用性测试，需要观察用户的使用反馈，分析其行为与反应是否符合网站建设的目标，使用过程中出现哪些状况是由于设计缺陷导致的。在导航测试中：

- 用户是否知道此网站的类型和功能，以及提供何种信息和服务？
- 用户是否明确自己的位置？
- 用户是否知道如何深入查找信息并适时跳转？
- 当用户迷路时可否快速回到首页或重新启动搜索？

具体到链接对用户操作的反馈：

- 首先，用户通过颜色、下划线、动态效果、使用习惯等，可以确认页面中哪些元素是有链接的，能够提供进一步的信息；
- 其次，当用户光标滑过这些元素时，可以通过本身颜色、背景颜色、下划线、动态效果等细微但不影响版式的变化与用户产生互动；
- 再次，当用户操作后的转场效果的设计、等待页面的设计也是提升网站可用性的因素；
- 对于详细信息标题列表页面中，已浏览过的信息内容标题的颜色提醒也是必要的。

　　ZURB 网站（www.zurb.com），页面左上角为网站标志，尺寸虽小但周围有大面积的留白，右侧顶部为主导航，标题文字为白底灰色，选中的栏目以紫红色底反白字显示，广告语之下为次级导航，选中的栏目以紫红色线条在顶部作装饰，其下为页面的内容展示区。

ZURB网站

6.1.7 有效率、有效果

良好的导航能够使用户有效率、有效果地查找到所需要的信息，合理地组织信息结构，使用户通过较小的努力，不必过多地思考就能够搜索到相关信息。"将导航工具放在用户通往目的地的路上，并且靠近其开始阅读的位置，这个位置保证导航工具能够被顺利找到并使用。"[24] 尤其对于多屏页面，可以将主导航、搜索栏放置在页面顶端，而将下一页、相关链接等延伸阅读的导航放置在页面底端偏右侧的位置。

设计师可以利用重复性设计原则，对于较长的页面，头部和尾部都应提供相应的链接。利用最小努力原则，对于复杂、交叉的信息，适当地提供信息的多重链接，不同的导航项指向同一个目的地。利用降低不确定感原则，为处于困惑茫然之中的用户提供多种返回首页的方法，以便用户"迷途知返"。

WebFaction 网站（www.webfaction.com），标志和导航位于灰色边框上，内容区为白底，功能区域划分明确。内容部分中每个标题文字颜色和大小与内容文字有明显区别，标题段落左侧有提示图标，既增加了指示性又增加了趣味性。由于页面内容较长，顶端和底端重复设置了导航菜单。

WebFaction网站

6.1.8 易学易用

《不要让我思考》（DON'T MAKE ME THINK）的作者史蒂文·库戈（Steve Krug）提到[25]：

- 当用户访问页面时，每个问号都会加重用户的认知负担，累积起来的干扰足以使用户抓狂；

- 用户对Web的使用通常不是在阅读，而是浏览扫描；

- 而用户对信息的选择通常不是最佳选择，而是满意即可；

- 用户对页面的操作通常不是追根究底，而是勉强应付；

- 用户访问网站时不应该把时间花在不必要的问题上，一个页面如果不能做到不言而喻（self-evident），至少应该做到自我解释（self-explanatory）。

网站导航的使用习惯大部分来自于对传统媒体报纸、杂志等印刷品的阅读习惯。导航的目的是帮助用户高效地搜索到有效信息，因此，导航的用途和方法也必须清楚简单，用户不必像使用精密的家用电器那样，需要详细阅读说明书后才开始使用。不论是信息门户网站还是电子商务网站，复杂费解、隐蔽晦涩的导航都会给网站的可用性带来灾难，进而影响网站的品牌、经济、服务效益。

Homestead 是一家提供网站建设服务的网站（www.homestead.com），页面设计以功能性为主，没有过多的花哨装饰。页面顶部采用标签形式的主导航，栏目数量少而精。页面采用了颜色编码方法，不同栏目页面的主色调不同，不论是次级导航，还是文字和图像的颜色都与其栏目的主色调一致。内容标题在次级导航之下的左侧，文字大而醒目。"关于我们"等实用性导航、"事业发展"等辅助性导航以及"版权声明"等页脚导航均位于区别于白底内容区域的灰色边框底部。页面中的图示清楚地表明了工作流程和方法，同时增加了网站的趣味性。

Homestead网站建设服务网站

6.2 导 航 测 试

当设计完全是按照设计师的逻辑和意愿来完成时，产品就极有可能出现各种各样的问题。虽然设计师也会针对用户使用过程中可能发生的问题制定相应的对策，但是，这不意味着用户可能遇到的所有意外情况都是被预先考虑到的。因此，一款产品在设计的各个阶段都需要不同程度和方法的测试，导航设计也是如此。

6.2.1 测试方法与内容

导航测试有多种方法，可以根据不同的设计需求和设计阶段安排多种导航测试。

- 访谈法对目标用户进行一对一的交流，当面、电话、电邮等，可以获得直接意见，但多为本能或反思水平的反馈，缺少客观的观察分析；

- 调查问卷法可以主要采用封闭式选项的题目来测试用户，获得量化的结果，需要测试人员编写的题目有利于导航的可用性测试而非偏好的收集；

- 观察法安排用户完成特定任务，可以人为观察或设备记录，适用于原型或方案的优化、竞品分析等；

- 卡片分类法让用户按照自己的理解和行为方式对写有特定条目的卡片进行分类，来获取用户期望的信息结构；

- 此外，谷歌公司也有偿提供网站用户的地理位置、浏览时间、频率、点击率、关注焦点等信息，网站所有者可以通过这些数据进行用户分析、产品使用情况分析，从而改进设计方案。

测试流程

导航测试的内容很多，可以从用户的角度进行三个方面的测试。

- 其一，在本能水平上进行测试——软件产品首次被使用时用户的初步体验。当目标用户第一次尝试使用网站或其他软件产品，感觉是美的、舒适的、有趣的或者不和谐的、糟糕的、讨厌的等最初反应；对网站服务内容的认识是否与网站建设目标一致；用户的视线流和焦点是否符合网站建设的预期；

- 其二，在行为水平上进行测试，了解用户在使用过程中的体验。用户是否能够在最短时间内获得所需信息或完成某项服务；用户在使用中产生的哪些结果与预期不符；当用户遇到问题或产生错误时是否出现必要的提醒或明确的反馈和指示；

- 其三，在反思水平上进行测试，用户在使用过程中是否充满信心、心情愉悦；用户对产品的总体印象如何，满意度如何；用户是否愿意再次登录或向他人推荐此网站。

6.2.2　眼动追踪技术

导航测试的方法之一是利用眼动仪（Eye Tracker）记录和分析眼球运动的自然行为。视觉化用户眼动追踪有两种静态方法：注视图和热点图，通过视图，获得用户的视觉焦点、停留时间、视线流等数据，分析页面导航是否能实现良好的可用性，哪里吸引用户的眼球，哪里使用户产生了困惑或兴趣，用户的视线流是否符合设计目标等等。

注视图

"眼睛停留在某个物体上时，称为注视；眼睛从一个注视点快速移动到下一个注视点，称为眼跳。"[26] 人们在眼跳期间无法看到确切的图像，只有在注视期间才能看清楚。用圆点代表注视点，注视时间越长圆点越大，用线把注视点按顺序连接起来代表眼跳轨迹，这种记录注视点和眼跳轨迹的方法叫注视图。注视图方法适合于分析单独用户的个案行为。

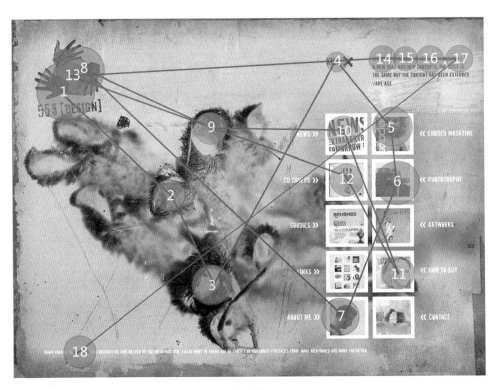

注视图

热点图则是通过不同颜色来代表用户的注视程度，红色是用户注视最多的区域，灰色是用户没有注视的区域。可以把许多用户的热点图叠加起来，图中越红的区域代表用户在此处的注视程度越高，热点图方法适合于分析多个用户的普遍行为。

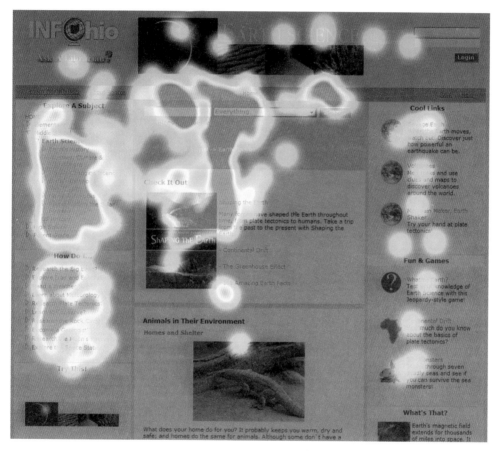

热点图

目前，眼动跟踪技术发展迅速，眼动仪可以追踪人们对屏幕、印刷品、周围环境等的眼动参数，例如：网站界面、移动应用、产品包装等，都是目前比较尖端的测试产品。眼球追踪研究可以帮助评估用户使用网站的舒适程度，以及用户理解网站信息结构的速度。

Tobii 眼动仪提供高精准度和高效率的眼动测试解决方案，已经被网络公司、移动应用公司、平面设计公司、人类行为研究机构和高校设计专业等广泛使用。相关产品和技术参数可以登录 Tobii 网站（www.tobii.com）。

Tobii眼动仪的注视图和热点图

6.2.3　导航测试分析

如前所述，导航测试中常采用眼动跟踪方法。眼动跟踪测试中，用户常常会忽略掉他们不需要或不想看的事物，这种行为叫做选择性忽视。而用户对页面进行最初的整体性浏览时，目光从似乎没有意义、没有帮助的区域迅速移开的现象称为热土豆现象。

眼动跟踪虽然可以记录用户的注视点，但并不能简单地认为用户对某个区域注视的越久就越感兴趣，很有可能用户只是感到困惑，不明白、不理解；如果某个区域被用户忽视，也不代表这个区域设计的有问题，很有可能用户的阅读经验使其忽略掉稳定的布局内容来节省浏览精力和时间。所以，在测试中眼动跟踪常配合观察和访谈等方法来获得用户的真实感受。

全局导航

对于布局稳定的全局导航，用户关注度不高，因为用户知道全局导航的一般位置和功能，反而倾向于把关注度放在其他不明确、或具有探索性、趣味性的部分，所以，在网站界面设计中，全局导航在网站各个页面中几乎没有变化，保持一致性和稳定性。

搜索引擎

搜索引擎可以使用户快速地查找到所需信息，从而减少了用户对导航菜单的依赖性。网站的搜索引擎由输入框和搜索按钮组成，属性明确，大部分用户更希望在页面顶部偏右侧的位置看到它。也就是说，当人们快速整体浏览页面时，右侧的搜索引擎会被忽略，不会占用过多的注意，但当人们需要使用搜索时却可以轻松地找到它。

表单按钮

按钮的边框常被设计成带有投影和斜边，上面是操作意义明确的文字，按钮内部或周围常有箭头或其他图标，按钮和链接要看起来可以被点击。扁平化设计弱化了按钮的立体感，加剧了交互视觉元素的设计难度。按钮一般放置于表单或阶段操作流程之后，此外，按钮也常出现在搜索框、输入框、下拉列表等控件之后。眼动跟踪发现，如果表单过长，在第一屏内，用户可能由于没有看到按钮而对表单操作产生怀疑，因此，通常在表单内部的右上角也会放置一个同样功能的按钮，提高表单的可用性。

以上阐述了全局导航、搜索引擎和表单按钮的眼动跟踪测试分析。通过眼动跟踪测试，可以提高网站导航的可用性，导航的设计要与用户的体验预期相符。总之，经过科学仪器结合用户测试得出的数据只能揭示出人们的交互行为，专业的交互设计师还需要对数据进行定量、定性的分析，获得用户行为的原因和目的，以有效数据来引导决策。

维基百科网站（en.wikipedia.org），文章主要是由网络上的志愿者共同合作编写而成。网站以传播知识为目的，内容以文字为主，界面设计简洁，导航中规中矩且非常经典。

维基百科网站

6.3　优秀导航案例

　　"对于用户来说，他们对站点保持兴趣的关键在于能否获得方向感、能否得到所需的信息，以及能否完成任务。清晰的导航结构不仅有助于用户了解网站能做什么，还能知道如何去做。"[27] 以用户为中心的 Web 导航通过技术和艺术相结合的方法提供给用户一个明确、易用的网站，用户以饱满的信心在美的视觉享受中迅速找到所需信息，必将进一步提高用户的功能体验和审美体验，提升网站的广域度和美誉度。

1. AMGEN网站

　　AMGEN 生物科技医疗公司网站（www.amgen.com），页面上部，实用性导航位于页面顶端右向对齐，公司标志在充分体现公司行业背景的图像之上靠左侧的位置，其下是网站的全局导航，图像下面是表明用户所在深度的面包屑导航。页面中部，左侧是二级导航，中部为网页内容，右侧为快速导航和相关链接。页面底部为版权声明。

　　AMGEN 网站各种类型导航设置地都很全面，布局位置也符合用户熟悉的"不要让我思考"模式。虽然中规中矩，但却很实用，用户不会被没有必要的特异布局影响心智，更有利于集中精力在专业内容上。

AMGEN生物科技医疗公司网站

2. PROA网站

　　互联网技术及标准日益革新，使得网络产品的视觉设计逐渐突破原有技术问题带来的条条框框。目前，有些平面印刷品开始借助于网络界面的视觉语言，而有些个性化网站的设计风格越来越接近平面印刷品。即便如此，人们对互联网产品的使用经验也必然适用于此类产品的设计中。

　　PROA 博物馆网站（www.proa.org）的界面风格类似博物馆的宣传手册，栏目清楚、设计简洁。导航在左侧，首页主导航文字比较醒目，与 PROA 标志文字尺寸及风格相同。光标滑过栏目文字，颜色由灰色变为蓝色，点击进入二级页面后，主导航和次级导航仍然位于页面左侧，导航文字变小，栏目名称清楚地布局于标志右侧。很明显，此网站的界面设计采用了网格法，信息内容的布局体现出秩序性、和谐性和延续性。

　　在用户以浏览多于阅读的信息时代，网格法能够有效地预示信息展示的位置，增强用户的使用信心，有助于信息的快速传递。

PROA博物馆网站

3. Fabiano Fiorin网站

网站已经成为当代艺术家作品呈现的一种方式，个人网站的设计风格随意独特，艺术家作品的风格也必然在其呈现的载体上尽情展现。

Fabiano Fiorin 个人网站（www.fabianofiorin.com），采用作者的绘画风格设计界面，作者的形象穿插于界面元素中与浏览者交流，增加了网站的趣味性。网站的信息结构比较简单，除了作者简介、联系页面，主要是展示绘画作品。像在现实生活中翻开一本作品集，用书签作导航，向浏览者展开一幅幅图画。

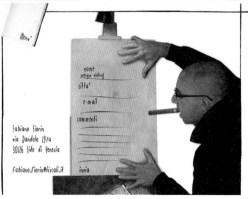

Fabiano Fiorin个人网站

4. MADE网站

电子商务网站在节省仓储、物流、服务成本上有实体店无法比拟的优势，然而家具等大型商品的送货运输却常常给客户带来额外的麻烦。如何以最便宜的价格、最方便的方式购买大型商品呢？ MADE.COM网站是这方面的榜样。

MADE.COM 英国家具直销网站（www.made.com）是由当时年仅二十几岁的华裔李宁创建的英国家具网购王国。"降低成本，以合理价格向顾客提供原创家具。"是公司初创时便确定的经营理念。网站最大的特点是公司生产什么产品全由顾客决定，公司每个月都会在网站上公布一批新样品图，让网友投票，得票高的产品会被公司纳入产品库，并向消费者开放订货。

MADE.COM 网站通过互联网和物联网的有机结合，使服务高效便捷。网站的使用极其简单，客户只需注册一个账号就可以参与投票和下订单，客户还能通过网站查看货物运送的路径，追踪货物。货物抵达后，公司会与客户商定时间，送货上门。

MADE.COM 网站界面背景为白色，以突出显示商品。商品展示区和服务区布局一目了然。产品图像清晰，价格、材质明确。通过当前栏目加醒目的黄色下划线、面包屑和大字号的页面标题，用户当然很清楚自己当前的位置。

MADE.COM英国家具直销网站

5. TRACK MY T网站

印象中加工行业的网站常常枯燥乏味，充满行业术语和技术参数。通过怎样的设计语言，既可以使普通浏览者了解复杂的加工流程，又不使他们感到晦涩难懂，甚至还伴随着幽默和趣味呢？ TRACK MY T网站为设计师提供了成功的范例。

TRACK MY T网站（www.trackmyt.com）讲述了从棉花种植、收获、加工布匹、制作T恤的整个流程，加工工艺用动画呈现，工作场景用视频呈现。网站整体采用剪纸的设计风格，随风摆动的悬垂按钮，背景中爬动的瓢虫和飞动的蜜蜂，充满地域风情的欢快音乐，缓冲等待的加载动画，浏览者在充满情趣和人文关怀的情景中了解到T恤加工的行业知识。

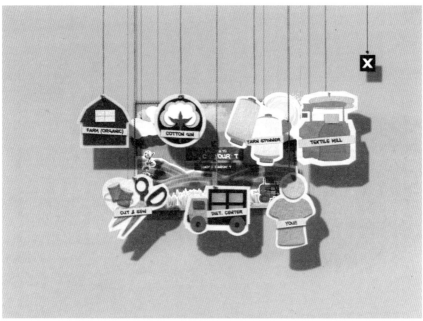

TRACK MY T 网站

6. BLAKELY interactive网站

交互设计师的网站常常动感十足，以强烈的视觉效果和充满质感的声效体现设计师的专业性。也有一些交互设计师，把平面设计语言发挥到极致，风格简洁、操作简单。

BLAKELY interactive 网 站 （www.blakelyinteractive.net）只有一张网页，通过浏览器自带的滚动条进行观看，从上到下像一张不断展开的宣传单。页面中流动的箭头起着不可忽视的引导作用，右侧不同栏目的蓝色标题醒目明确，左侧的主导航从颜色和导航项的排序上都清晰地表明了浏览的位置。设计师以最简洁的设计手段展现自己对以用户为中心的交互设计流程的理解。作品案例以及个人简介等内容。

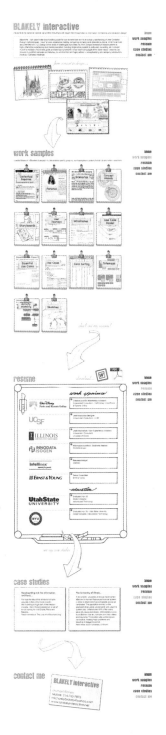

BLAKELY interactive 网站

7. Annie Lennox网站

该网站通过隐喻的方法把物理空间置换到网络的虚拟空间中，利用浏览者的好奇心，增加了交互作品的趣味性和神秘感。

Annie Lennox 个人网站（www.annielennox.com），以"我的家"为线索隐喻作者在网络上的个人虚拟空间，通过带领用户参观每个房间，点击房间中的物品进行交互来展现作者的作品、简历、兴趣爱好等内容，使用户带着神秘感进行探索。

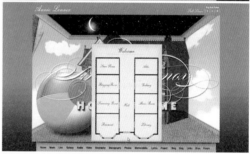

Annie Lennox个人网站

8. AKRIS网站

　　该网站采用响应式 Web 设计，使一个网站可以兼容多个终端。页面中的图片大小、分辨率及脚本功能等能够适应不同设备。移动版可以根据需要删减内容、重新布局或缩放视觉元素。

　　AKRIS 时尚网站（akris.ch），响应式设计使移动版 Web 与桌面版 Web 风格一致。

移动版　　　　　　　　　　　　　　　　桌面版

　　桌面版 Web 的主导航菜单采用标签设计手法，激活的标签栏目与其所属的子栏目、具体内容的背景色相同，使此栏目和内容的位置靠前突出。通过单击向右箭头 ">" 和向左箭头 "<" 在水平方向顺序展开信息内容，在第一部分和最后一部分，相应的箭头按钮颜色变灰且不能使用。

AKRIS时尚网站

9. 国家地理APP

美国国家地理 APP，延续其杂志标准的黑黄配色，配合招牌式的自然大片，显得高端大气。其主导航系统没有采用 APP 常用的上、下导航，而是采用向右滑动拉出导航菜单的方式，在页面左上角也给出了这一操作的另一种方式（点击那个醒目的黄色按钮）。搜索按钮则用约定俗成的放大镜按钮。大部分的内容都可以在两次操作之内显示出来。

国家地理APP

10. friends around me APP

friends around me 是一个基于位置的社交应用，可以同步信息到 foursquare、facebook、twitter，可以跟附近的好友聊天、上次照片、送礼物等等，特色是各种可爱的轻交互。明亮的黄色是整个软件的点缀色调，无处不在，使整个软件显得活泼大方，设计感很强，尤其是可以展开的抽屉式的导航。虽然是主打"轻交互"，但是交互内容一点也不少，在移动界面上把各种信息完整链接起来而又不让用户迷路，难度其实不小。主导航、标签导航、图片导航、抽屉式导航、图标导航……本书提到过的各种导航在这个应用中几乎都可以找到（关于移动导航有一些特殊套路，将在下一章集中讲解），但是在单一页面中最多出现其中的两种，根据其重要性设置其醒目程度，让用户使用过程一顺到底。

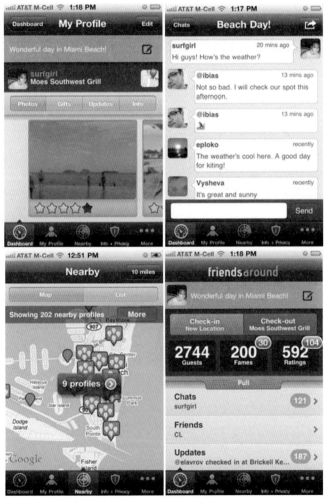

friends around me

第 **7** 章

移动 APP 和移动 Web 的导航策略

移动设备是指能够随时、随地、随身携带的具有网络应用和通讯功能的电子产品。"移动用户的心态：完成任务、了解周遭发生的事件、打发无聊时间。"[28] 用户除了在家中、办公室或某个长时间驻足的环境中，主要是在移动的场景中来使用移动 APP（应用程序 Application 缩写）或 Web，每个场景都有自己的特点和干扰。移动 APP 或 Web 要与周围环境争夺用户的注意力，正是由于用户不能长时间地集中精神，因此，移动 APP 或 Web 必须方便、实用、易用，融入到用户繁忙的日常生活中，管理或合理占用用户的碎片时间。移动 APP 和移动 Web 有相似的导航策略。

7.1 移动APP和Web的导航模式分类

移动 APP 和 Web 更注重产品的功能：

- 在有限的屏幕中，每个界面元素在保持必要功能的前提下越精炼越好；

- 实现功能需要的点击数越少越好；

- 掌握应用所需的时间越短越好。

在移动 APP 和 Web 中常出现的导航模式：

- 标签栏模式

- 树状模式

- 平铺页面模式

- 组合模式

- 模态视图模式

移动 APP 除了在盈利模式上有特定的优势，由于移动 APP 需要用户下载到移动设备中，占用一定的存储空间，不同系统的硬件需要安装不同的移动 APP 版本，并且移动 APP 的更新也不是实时的，因此，随着互联网的成熟，许多设计师更看好移动 Web 的发展前景。本章提到的移动设备主要指手机和平板电脑。

7.1.1 菜单栏模式

屏幕底部或顶部出现一组导航项，点击导航项直接切换到相应页面。导航项约占 50 像素的高度（不同手机型号略有差别），每个导航项上有寓意图形或文字米表示栏目的功能，点击后会高亮显示，代表当前应用栏目的位置。

菜单栏常用于划分应用中不同的功能项，也可以用来为信息展现不同的显示方式。

由于菜单栏一般最多只能显示 5 个按钮（不同手机型号有差别），因此，对信息层级规划、导航项名称需要谨慎推敲。如果超过 5 个，第 5 个的导航项名称变成"更多"，单击这个导航项才能看到其他未显示出来的导航项。如果应用导航分类超过 5 个甚至更多，可以采用树状模式、平铺页面模式等其他导航模式。

奥迪移动网站（m.audiusa.com），主导航采用菜单栏模式——5个由图形和文字组成的按钮，最后一个为"更多（More）"表示还有其他选项的图形（…），说明还另有菜单项。导航项栏位于屏幕下方，用户可以单手拇指点击菜单项来切换主要功能。

BED BATH & BEYOND移动网站（m.bed bathandbeyond.com），与桌面版网站风格一致，主导航采用菜单栏模式。顶部依次布局品牌名称、主导航和搜索栏，当前页面显示的是产品子项目，页面底部是文字辅助导航和版权声明。

奥迪移动网站

BED BATH & BEYOND移动网站

目前，也有部分APP在菜单栏基础上，衍生出弹出导航菜单。

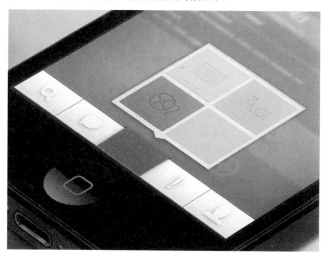

弹出导航菜单

7.1.2　标签模式

标签模式常用于划分应用中不同的功能项或者分类展示信息。使用标签模式将关联数据或选项进行分组，从而有效地进行内容组织和展示。例如，搜索用户就近的餐馆，可以按位置、排名、菜系等显示，还可以采用随机推荐方式。一般地，我们认为标签模式并不用于内容层级和界面跳转，而只是一种信息的分类布局方法。

Trip Journal 移动 APP，"Options"页面内的设置栏目采用标签栏模式，选中的栏目标签和内容向前突出显示，其他栏目退后。

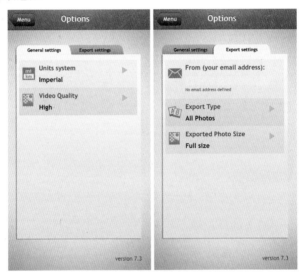

Trip Journal移动APP

7.1.3　抽屉模式

抽屉模式导航，在大部分 APP 导航设计当中，通过点击屏幕左上角或者右上角的按钮或者通过向右滑动拖出一个侧边弹出的简单 APP 滑动动画，展开纵向排列导航。把导航项目收放进侧边的抽屉里，为主内容区域节省出更大的空间。

但是，zeebox 公司通过测试发现，将抽屉式导航与固定在顶部或底部的 Tab 式导航进行对比，用户使用 APP 的时间下降了。侧边栏抽屉式导航会减少大多数用户对于这个导航入口的潜在参与和交互行为。

那么，什么时候使用抽屉式导航方式呢？与界面中内容息息相关的操作可以使用固定在顶部或底部的 Tab 式导航，一些用户设置的选项或辅助功能则可以放在抽屉式导航的侧边栏中。

Picaca 和 GRE+ 移动 APP，菜单按钮分别位于上部角落，当单击按钮时主导航采用标签栏模式垂直展开，水平滑动页面可以收起菜单。

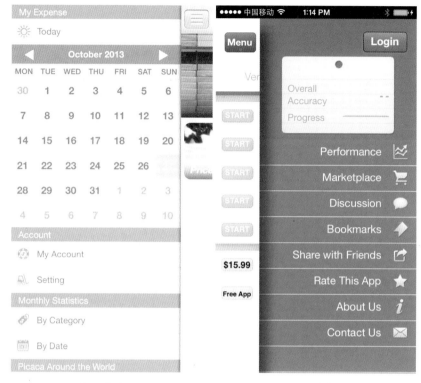

Picaca*移动*APP　　　　　　　GRE+*移动*APP

7.1.4　树状模式

信息复杂的内容通常要划分层级、类别，以实现包含和递进，形状像树根或倒置的树冠。

▪ 树型模式的一种形式像列表一样带有层级的分类选项，单击选项进入相应内容页面，可以返回到上一级。

▪ 树型模式的另一种形式以一组图标来表示其功能，单击图标进入相应内容页面，是一种图形化的有效方式。

在本质上，两种形式的信息组织结构是一致的。树状结构的内容本身就可以操作，所以界面占用空间小，应用的交互操作直观而简单。

哈雷摩托移动网站（m.harley-davidson.com），导航采用树状模式，导航菜单如列表一样顺序排列，单击后可查看详细内容。

GRE Math 移动 APP，采用树状模式导航，"算术"、"代数"、"几何"等导航项分别以代表其含义的图标构成，单击图像后进入深一级内容。

哈雷摩托移动网站

GRE Math移动APP

7.1.5 平铺页面模式

- 平铺页面模式，如果内容简单，只用一个主屏展示；

- 如果内容没有递进和层级关系，可以划分为同样类型的不同内容页面，水平平铺几个页面，通过手指滑动切换不同应用页面；

- 将来还会出现田字形或米字形的平铺方式。

由于用户滑动页面之前并不完全了解页面的内容，所以这种方式属于浏览并发现的方式。

对于多页面的平铺，通常页面底部或顶部会出现页面分页控件，即一排水平居中放置的小点，点的数量代表了平铺页面的数量，高亮的小点代表了目前页面所处的位置。也可以通过单击这些页面分页控件中的一个来实现跳转，但有些手机将这些小点从屏幕中间分为左右两部分，单击左半部或右半部可以滑到前一屏或后一屏。平铺页面不能从第一屏直接滑到非相邻的那一屏，只能挨个滑过所有中间页面，所以要控制好平铺页面的数量。虽然屏幕一般能容纳 20 个小点（随着屏幕大小而变化），但通常设计不超过 10 个。

纽约的美国自然历史博物馆中提供免费 WIFI 和手机导览，在北美哺乳动物厅有采用平铺页面模式的 6 个界面，页面分页控件位于页面底部，显示当前是 6 屏中的第 2 屏"熊（Bear）"和第 3 屏"北美野牛（Bison）"。

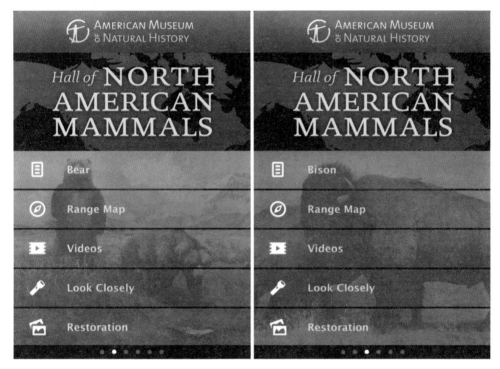

纽约的美国自然历史博物馆导览应用界面

7.1.6 组合模式

移动 Web 界面中的各种导航模型并不互相排斥，可以混合使用，称为组合模式。在内容复杂、功能繁多时，可以利用一种导航模型作为主导航，另一种作为子导航。因为每种导航模式都有各自的优点和短处，组合模式可以扬长避短，达到更好的效果。

例如，树状结构虽然适用于大量的功能项目，但当用户深入到具体的功能以后，不能很容易地从一个主要功能转换到另一个主要功能，但可以把树状结构和标签栏组合使用，标签栏模式作为主导航，标签项之下采用树状模式作子导航。大部分移动网站都不只采用一种模式作为导航的手段，组合模式是最常见的。

　　CISCO 移动网站（www.ciscolondon2012. com），整体为组合模式，主菜单采用标签栏模式，子菜单采用树状模式，有利于内容结构、层级以及栏目的划分。

　　Dwell 移动应用，主导航位于左侧垂直排列，右侧从上到下依次是标志、栏目名称和平铺的照片（采用陈列馆模式）。

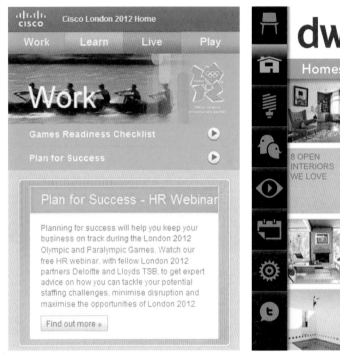

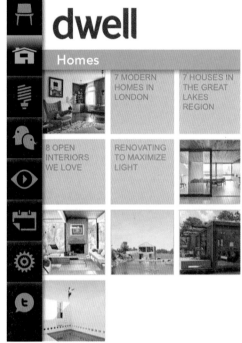

CISCO移动网站　　　　　　　　　　　dwell移动应用

7.1.7　模态视图模式

　　模态视图模式，是指用一个单屏来处理本页面中的操作，完成与页面内容相关的任务。模态视图类似于桌面系统中的弹出菜单，在页面中浏览、选择或编辑后单击"完成"或"返回"按钮，或者单击"取消"按钮，从模态视图回到原来的流程或结构中。

移动 Web 中不同页面之间的切换、虚拟键盘、文本信息输入页面、密码登录页面、书签页面等都属于模态视图。

Picaca Free输入界面   苹果手机密码登录界面   foursquare登录注册界面

7.1.8 沉浸模式

另外，还有一种沉浸模式，特点是：全屏展示，无标准导航和控件干扰应用的内容。常用于游戏、视频类 Web 等。沉浸式页面中的导航根据内容来确定样式和风格，利用隐喻和界面内容中的典型图形让用户来探索和深入。

vanDam 纽约三维地图采用沉浸模式，根据用户所在位置动态显示周边环境，并伴有车水马龙人声鼎沸的背景音。两指拉动可放大缩小界面地图，放大时会显示建筑物和街道名称。三维建筑物的形状和外观识别性强，具有主观视角透视的地图使用户有身临其境的感受。

vanDam三维地图

⌐ 7.1.9 旋转木马模式

旋转木马模式是一种高效浏览缩略图的方式，并提供导航链接。这种模式可以在一个条目内同时呈现多张图片，引导用户通过滑动屏幕浏览更多内容。优势在于能够在有限的屏幕空间内，高效地呈现大量的图片，带给用户更好的浏览体验。屏幕中呈现的部分条目提醒用户还有其他内容可以浏览，引导用户滑动手指，并提示滑屏的方向。

- 旋转木马设计时要谨慎处理图片的滚动速度、滑动时的加速度，不要添加过多的动效以增加用户的认知负担；

- 提示用户滚动方向和终点；

- 注意旋转木马中的图片数量，一般不超过20张，以便减少用户持续阅读产生的疲劳感。

Pinterest 移动应用，在其 Art 子项中利用旋转木马模式展示相关的项目，水平滑动可以看到更多图片选项，单击进入详细页面。移动互联网时代，合理地利用平台特性和限制，为跨平台设计提供了广阔的想象空间。

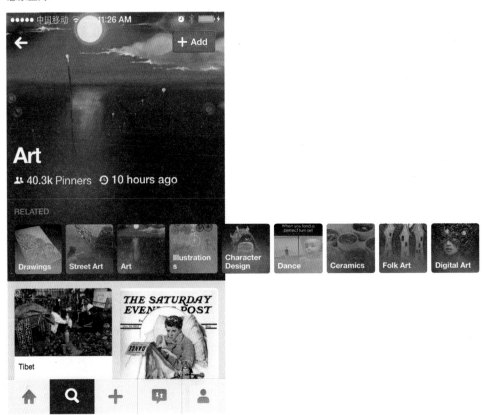

Pinterest *移动应用*

榫卯移动应用也采用了旋转木马模式导航，各种榫卯样式围绕中心透视排列，滑动触发导航项目旋转，单击可进入详细页面。

榫卯移动应用

7.1.10 卡片瀑布流模式

卡片瀑布流模式也有称为磁贴模式，微软的 Windows 8 Metro 和谷歌的 Material Design 都有类似的导航排版。它将包含特定条目的信息规划在一张卡片中，一般情况下，宽度固定或以特定网格布局，高度固定或随内容调整，单击可以进入详细页面。随着内容的增加，卡片像瀑布流一样向下排列，这也符合响应式设计的原则。

Pinterest 移动应用，其首页包含图片、作者及来源、收集者及信息类型的长方形倒角卡片，以 2 列向下流式布局。在其搜索页面，3 列的正方形倒角的分类卡片随瀑布流模式向下布局。

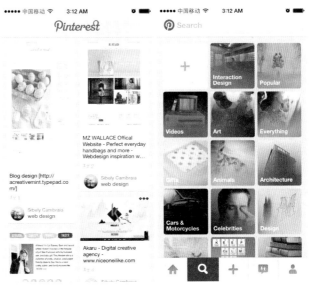

Pinterest 移动应用

↖ 7.1.11 导航模式案例

实际上，大部分网站的移动版还是延续桌面版的风格，但在内容上通常有很大取舍。基于移动的网站只会选取用户在特定情境下最关注的、不会占用过多流量的信息。

- 移动Web页面中，Logo位于左上角或顶部居中，还可能会出现页面标题。
- Logo下面通常是搜索栏和主导航，主导航采用树状模式、标签栏模式或平铺页面模式。

有的 Web 页面为触屏手机而设计，为了方便用户单手握机时拇指可以很容易地点击菜单，会把标签栏模式的主导航置在页面底部，反而把不常用或可能导致用户操作发生重大变化的按钮放在顶部。

- 主导航之下是树状模式的次导航，或者展示信息内容。
- 在页面最下方是文字导航和版权声明，有的移动Web页面还会提供桌面版Web（Full Site）的链接。

Tastebud 移动 APP 是一款菜谱软件，封面页居中布局软件 Logo 和标语，首页和次级页面主要采用垂直平铺模式，或者说是陈列馆模式。

Tastebud移动APP界面

大都会博物馆网站（www.metmuseum.org），移动 Web 导航采用树状模式，把浏览者最关心的内容如列表一样顺序排列成导航菜单，单击向右箭头查看详细内容。最下方的导航提供博物馆完整网站的链接，底部文字显示版权声明内容。普通桌面版 Web 与移动 Web 分别设计，桌面版 Web 提供更加丰富的内容。

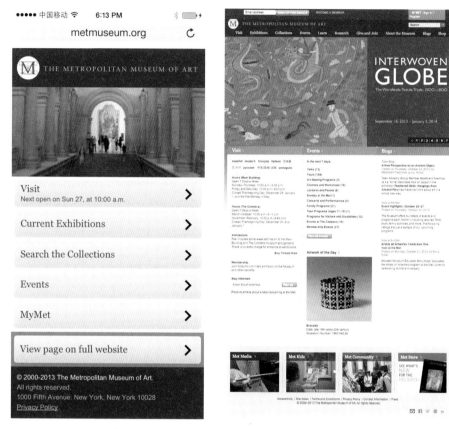

移动桌面   Web桌面

7.2 移动APP/Web的导航视觉元素设计

视觉效果很大程度上影响着人们的愉悦情绪和满意度，但视觉效果还不止于此，良好的视觉设计可以简化人们对应用的认知，使应用更加易用、清晰、高效。"视觉设计试图解决有效的功能和良好的美学效果之间的沟通问题。为了达到二者间的平衡，设计师必须在理解用户目标和用户界面元素的同时理解视觉设计的原理和技术。"[29]

7.2.1 导航结构

视觉层次的设计根据网站建设目标、用户体验需求来决定。软件的功能和信息架构决定了各个界面要采取最简单和直接的导航方式。

CHASE移动应用，信息架构较简单，点击软件图标经过Logo组成的封面页进入首页。首页、"联系我们"、"寻找ATM"页面中的导航采用树状模式，"注册"和"联系电话"页面中的导航采用模态视图模式，完成或取消后回到原来的结构中，"更多联系方式"详细页面中的导航则采用顶部布局的标签栏模式。

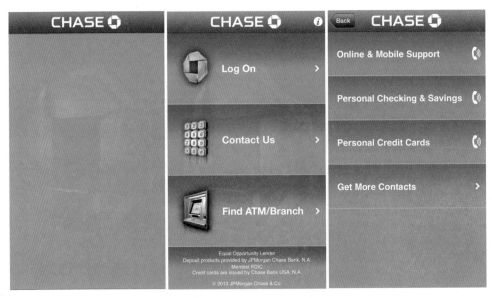

CHASE移动APP（导航结构见下页图）

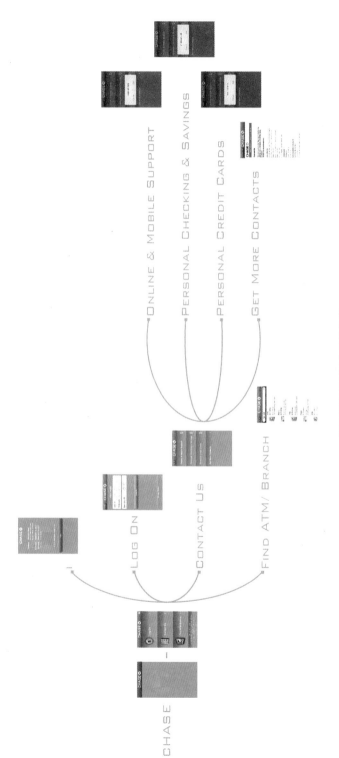

CHASE移动APP导航结构图

7.2.2　导航布局

只有导航结构清晰，用户才能明确自己的位置、方向和目的地。说到导航结构，不得不提的是格式塔效应。格式塔（Gestalt）主要指完形，从接近性、相似性、连续性、对称性、完整和闭合倾向、共同方向运动、主体背景等原则阐述信息的视觉组织与人们心理的关系，也同样适用于导航视觉结构的设计（格式塔效应可参考本书 5.4 节）。

首先，我们可以通过位置、大小和比例来引导界面信息的层次、阅读顺序和视觉焦点。考虑到我们的语言习惯，页面的左上角是视觉的起点，页面顶部是相对重要的位置，标志、导航菜单、搜索栏通常位于页面顶部，并且，我们不希望在此出现更多的干扰信息、选择按钮。但这并不绝对，为了方便用户在移动环境中单手拇指操作触屏（左上角反而是拇指不容易够到的区域），有的界面设计会把导航菜单放置在页面底部方便操作，把不常用或操作可能导致重大影响的按钮放置在顶部。

STARMOVIE 移动网站 (mobile.starmovie)，通过标志的标准色（黑、白、灰）作为背景色划分信息块。从上到下依次为：标志、菜单、搜索、电影推荐。每一条电影推荐内容中的图片、文字、按钮都保持一致的对齐方式，说明它们是相互关联的同一类信息。

STARMOVIE移动网站

其次，信息块的合理分组和对齐会形成良好的导视效果，降低认知的复杂性。运用空白、间隔、线条、背景划分信息块，采用一致的对齐方式，可以增强界面的整体性，使应用更易被理解。

个人设计工作室 Cibgraphics 网站（www.cibgraphics.com），界面运用黑白灰调子。左上角为标志，右上角为主导航菜单，采用简单、常规的布局，背景使功能区块划分清晰。用户不必费尽心机去熟悉界面的布局和操作方式。对于此自由设计师所做的响应式设计、用户体验设计、标准的图标设计，简洁且指示意义明确。采用的响应式网站设计使网站能够在不同设备上完美表现。

Freelance Web Design & Development

Responsive Design

With responsive design, your website is ready to be viewed on any device. That means it looks good on desktop, tablets and mobile smart phones.

UI/UX Design

It isn't enough to have a good looking site. The site needs to make sense to your visitors to attract their attention and be easy for them to use.

Web Standards

HTML5 and CSS3 are the latest in web standards. This ensures your code is ready for future browsers and it optimized for any user experience.

桌面Web

移动Web

⌐ 7.2.3 导航颜色

导航菜单通常利用对比色使菜单颜色与背景差别较大来突出强调主导航，导航菜单的颜色一般来自 Logo 的标准色或无色系，而像列表一样排列的树状模式导航条都采用相同的背景色或背景图像，颜色饱和度低、对比度低。需要强调的信息或执行任务的按钮颜色会比较明显，按钮上文字的颜色与按钮的颜色反差会大些。

Total payments 移动 APP 是用来管理银行卡和消费的软件。标志采用橙黄和暖灰赭石色，页面即运用标准色。封面页展示的是软件 Logo 和标语，首页采用树状模式中的跳板式布局的图标导航，进入 News 栏目，则采用树状模式中的列表式布局导航，单击项目可以进入详细内容页。

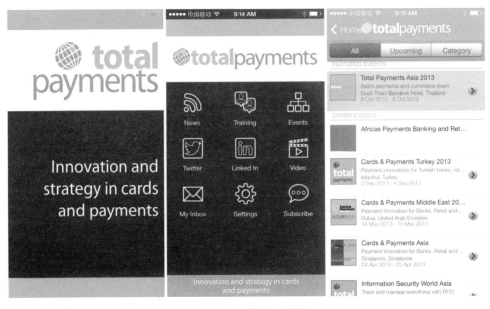

total payments移动APP界面

质感与颜色类似，也是表达软件性格的重要方式。Trip Journal 移动 APP，利用记事本的风格和泛黄旧纸张的材质来表现软件的旅行日志的属性。

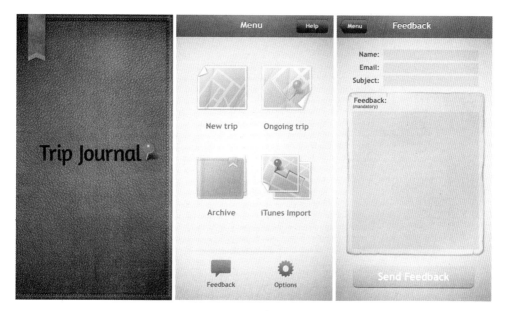

Trip Journal移动APP

7.2.4 导航文字

考虑到系统的兼容性，页面中的中文字体一般采用黑体或宋体等，英文采用 Helvetica、Arial、Times New Roma 等，不同移动平台支持的字体不同。如果导航项是图像格式，其中的文字可以随意选择字体，也可以由设计师绘制。

> 需要注意的是，移动 Web 页面有限，应尽量将字体控制在三种以内，通过适当地调整文字的字号、行间距、字间距、粗细、颜色来产生变化，否则，过多的字体会产生视觉干扰。

文字大小也是导航结构的重要因素。比例大的视觉元素比小的更吸引人们的视线，影响阅读顺序。一般情况下，主导航文字大一些，标题栏文字比主导航文字略小，内容正文字号再小一些，版权声明文字更小。但这并不绝对，文字的字号只是诸多设计要素之一，可以灵活地通过位置、颜色、图像等设计要素清楚地划分导航层次。

另外，还需要考虑的因素是文字的粗细。粗体有强调感，更吸引人们视线。重要的标题或部分内容文字可以用粗体。字间距过小，糊在一起显得局促；字间距过大，会削弱用户对语义的理解。字间距和行间距通常用来划分信息块：间距小，信息的关联度高；间距大，意味着信息分组或分层。

MOVIES 移 动 网 站（m.movies.com）， 标 志 中 的 粗 体 MOVIES 起到了强调作用。主导航文字虽然比标题栏文字小，但主导航的灰色背景形成了一条明显的导航区块。红色的标题栏文字比较醒目，但其单独居左布局于主导航之下，地位可想而知。内容中关于电影的新闻标题加粗、字号比标题栏文字略小，偏冷色调；内容文字字号较小，其中强调的部分文字加粗显示。

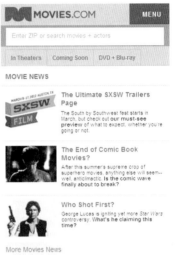

MOVIES移动网站

PcktPayments 移动 APP 采用树状模式中的列表式布局导航。首页栏目运用图形、文字组合，各级界面文字字体一致，字号随信息层次递进而减小。

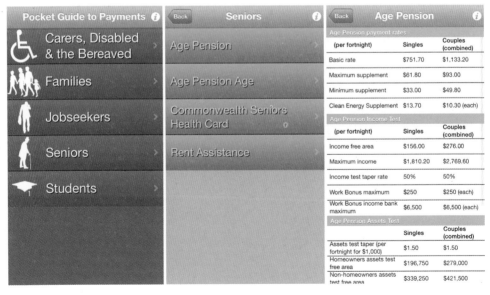

PcktPayments移动APP界面

7.2.5 导航图标

图标（icon）来源于具有代表性的典型图像，以其形象所代表的概念引导用户行为。虽然不同地域文化的人们很难通过语言沟通，但是他们经历的日常生活是相似的，对从生活中提炼的图像的理解是接近的。导航图标类似于交通标志，凝练、简洁、文化统一性强：

- 首先，导航图标从事物具体形象中选择、提炼，具有一定抽象性，易于用户理解。作为导航菜单、标题栏中的导航图标会更加概括，而作为应用软件的图标可以刻画得更加细腻，甚至通过光影渐变模拟真实的物体。

- 其次，导航图标在设计风格上要保持统一，风格一致的图标会形成"组"或"类"的视觉感受，也使用户更容易识别和理解。

- 最后，要避免设计产生歧义的图标，避免过度地使用图标。

苹果桌面的应用软件图标大多采用隐喻化设计，用户看到典型的图形就可以了解其功能。图标可以根据其功能类型分别放置于不同的文件夹中。有的图标注重体量和质感，拟物化细腻设计；有的图标采用扁平化设计，清新简洁。

移动应用软件图标

7.2.6　"使能"的设计

在移动 Web 界面中，某个交互视觉元素预示相应的功能是否起作用，当能够起作用时称为"使能"；当不能起作用时称为"不使能"。同时，还要提到的一点是强迫性功能。"强迫性功能是一种物理限制因素，因为用户如果不执行某一项操作，就无法进行下一步操作。"[30]

在移动 Web 设计中可能会发生这样的情况：我们为水平浏览的图片设置向左、向右箭头，单击箭头按钮，图片顺序展示前一张或后一张，当图片浏览到最后一张或第一张时，相应的箭头按钮颜色变灰或消失，不使能。

SnapDish 移动 APP，共有六张 intro 介绍页面，高亮的页面分页控件（……）代表当前页。在第一张页面右侧设置一个向右箭头 ">"，在最后一张页面左侧设置一个向左箭头 "<"，在其中的任意页面则同时布局向左箭头和向右箭头。

SnapDish移动应用

同理，大部分页面中统一的导航项在某个单独页面中可能不会被全部用到，我们可以把不用的导航项删除并保留空位，如果单纯为了节省空间，还可以把其余的导航项整理位置并重新排列，但造成的后果却是给用户带来更多的干扰和困惑。这时利用强迫性功能，把暂时不用的导航项降低明度和纯度，或改为灰色系，在外表和功能上都给用户"不使能"的感觉。大量用户测试的结果表明，这种方式的用户体验更好。

阿拉伯故事移动 APP，利用左右滑动讲述不同的故事。第一页和最后一页分别只设置向右和向左箭头（">"、"<"），中间页面则同时出现两个箭头。

阿拉伯故事移动APP

7.2.7 扁平化设计

2006 年末，微软为了和 iPod 竞争，推出了 Zune 音乐播放器。从那时起，微软提出一种名为 Metro 的设计风格。2010 年推出 Windows Phone 7 时，微软利用从 Zune 设计中积累的经验，改良了新版操作系统的视觉设计，大号字体、明亮色彩、网格布局、简洁和扁平的图标引领了 Metro 风格。2013 年，苹果公司的 iOS7 则真正引领了扁平化设计的风潮。

扁平化设计（Flat Design），核心是放弃一切多余的装饰效果，如阴影、透视、纹理、渐变、3D 效果等。扁平化设计整体上趋近极简主义设计理念，设计中驱除任何无关元素，尽可能地使用简单的颜色、文本和图形。

- 所有元素的边界都干净利落，尽量没有任何羽化、渐变、投影、斜面、突起等设计。

- 使用简单的UI元素，采用矩形、圆形等简单的形状。

- 使用简单的无衬线字体，文案要求精简、干练，保证产品在视觉上和措辞上的一致性。

扁平化设计通常色彩更纯、更有活力、更加鲜艳、明亮，也拥有更多的色调。一般的网站很少会使用 3 种以上的色调，但是在扁平化设计中，平均会使用 6 ~ 8 种颜色。扁平化设计更简约，条理清晰，具有更好的适应性（多种屏幕尺寸和分辨率），更简单、更直接地将信息和事物的工作方式展示出来，以减少认知负担。

目前流行的扁平化界面设计风格可以带给用户更简洁清新的设计方案，但是，扁平化设计的现象是：难看的应用不多，但令人印象深刻的应用也不多。应用统一性较强，但是很难张扬个性，以至于有的开发者感叹，它们看起来都是一个样子。设计师 Johnny Holland 将 Metro 语言比作是包豪斯风格，并且指出，"因为去除了装饰，使得个性化的空间很小"，这可能给人以"缺乏生命力"的感觉，所以要想做出好的扁平化设计，是非常需要技巧的。

设计师原本是利用肌理、材质、投影、体积等元素来营造空间、打造信息层级关系、区分元件的差异性、模拟物理交互的感觉，而扁平化设计却使设计师用来构建信息层次、提高界面的易读性、产生交互反馈的视觉元素变少了。弱化的对比、细微的差别使用户很难判断哪里是信息展示，哪里是交互元件，信息的层级和深度是怎样的。

这就给设计师提出了更高的要求：采用更加简洁的视觉风格为用户提供更加清晰明确的信息交流方式。

扁平化设计元件

Instagram 移动应用，"注册"、"登录"页面为模态视图模式，输入用户名和密码后进入软件的使用界面。随着苹果操作系统 iOS7 的更新，软件的界面设计趋于扁平化。导航栏和状态栏采用一致的背景与配色，提高了头部的整体感。按钮的肌理和体量感减轻，削弱了功能和内容元素的区别。

InstagramiOS7注册登录页面

指南针和录音机是苹果系统内置的两款应用，在 iOS6 中，模拟质感逼真的实物设计，注重材质和光影，使用户可以快速地理解软件的功能和使用方法。在 iOS7 中，采用的扁平化设计并不是简单地去掉材质和立体感，而是放大了设备表盘的局部细节，给人以专注精准的印象。

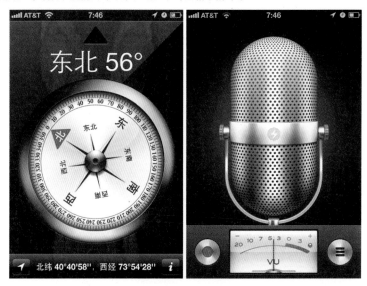

iOS6指南针和录音机

iOS7指南针和录音机

↖ 7.2.8 Google Material Design

谷歌产品从搜索引擎到浏览器、操作系统，从电脑到眼镜、手表……谷歌公司试图合理地同步不同产品的互动体验。2014 年，Google 推出了 Material Design，中文翻译有本质设计、原质化设计、材料设计或纸墨设计，Google 希望创造一种新的设计语言合理地统一用户在跨各种谷歌平台时的使用体验，这种统一给用户带来更好的整体感受，同时伴有创新理念和创新科技，使人机互动更容易、更简单和更直观。

Material Design 遵循基本的移动设计定则，同时支持触摸、语音、鼠标、键盘等输入方式。通过构建系统化动效和合理化利用空间，构成了实体隐喻。它以现实世界的隐喻，强调阴影和层次的视觉表达，用动画效果呈现交互的现实反馈，试图把物理世界的规则带到电子界面。光效、表面质感、运动感这三点是解释物体运动规律、交互方式、空间关系的关键。真实的光效可以解释物体之间的交合关系、空间关系以及物体的运动。视觉元素的设计借鉴了传统的印刷设计——排版、网格、空间、比例、配色、图像这些基础的平面设计规范。不但可以愉悦用户，而且能够构建出视觉层级、视觉意义以及视觉聚焦。精心选择色彩、图像、选择合乎比例的字体、留白，力求构建出鲜明、形象的用户界面，让用户沉浸其中。

卡片（Cards）是 Material Design 的重要组成部分。卡片是包含一组特定数据集的纸片，数据集含有各种相关信息，例如，关于单一主题的照片、文本和链接。卡片通常是通往更详细复杂信息的入口。卡片有固定的宽度和可变的高度，最大高度限制于可适应平台上单一视图的内容，但如果需要，它可以临时扩展（例如，显示评论栏）。卡片是用来显示由不同种类对象组成的内容的便捷途径。

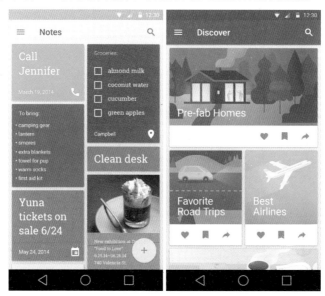

Material Design 中的卡片

按钮（Buttons）由文字或者图案组成，文字或者图案必须能让人轻易地和点击后展示的内容联系起来。颜色饱满的图标应当是功能性的，按钮应当和应用的颜色主题保持一致，尽量避免把它们作为纯粹装饰用的物体。

按钮主要有三种：

- 悬浮响应按钮，点击后会产生墨水扩散效果的圆形按钮；

- 浮动按钮，常见的方形纸片按钮，点击后会产生墨水扩散效果；

- 扁平按钮，点击后产生墨水扩散效果，和浮动按钮的区别是没有浮起的效果。

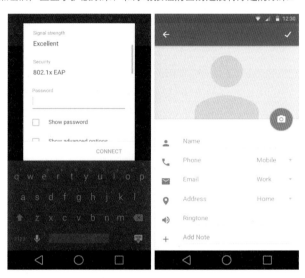

Material Design规范中的按钮

在一个 APP 中，在不同的视图和功能间探索和切换以及浏览不同类别的数据集合起来，标签（Tabs）使变得简单。Tabs 不是用于内容分层和跳转的。使用 Tabs 将大量关联的数据或者选项划分成更易理解的分组，可以在不需要切换出当前情境的情况下，有效地进行内容组织和展示。

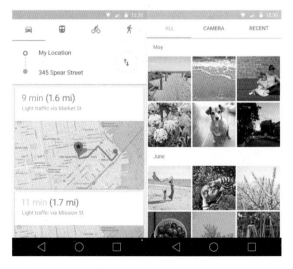

Material Design中的标签

7.3 移动APP/Web导航交互设计原则

随着操作系统的更新和硬件性能的提升，交互设计的地位被提升到一个新的高度。如何开发出易于用户使用而又能够给用户带来良好交互体验的产品（即具有较高可用性的交互式应用），成为普遍关注的问题。

从用户角度来说，交互设计是一种如何让产品易用、有效、同时让人愉悦的技术，它致力于：

- 了解目标用户和他们的期望；
- 了解用户在同产品交互时彼此的行为；
- 了解"人"本身的心理和行为特点；
- 了解各种有效的交互方式，并对它们进行增强和扩充。

谷歌移动网站（www.google.com/mobile），为实现良好的用户体验，针对不同的移动平台提供不同的链接。

谷歌移动网站

美国罗德岛月刊旅游导览网站（goo.gl/phPmz），在当地的宣传墙壁、饭馆桌面及旅游杂志都有这个移动 Web 的二维码，扫描后跳转到相应页面，可以查询当地的吃喝玩乐住用行等相关信息。首页采用形象的图标和文字导航，值得一提的是，在软件展示详细信息的界面设置了一般只有在传统网站界面才有的面包屑导航，帮助用户明确自己所在的软件深度。

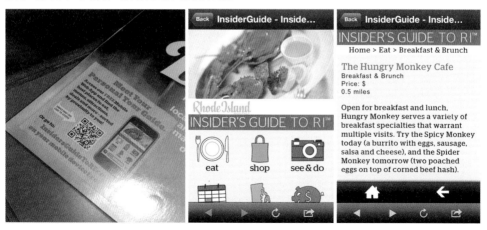

Rhode Island旅游导览应用

"为移动设备设计时，需要权衡以下两点：一、让内容和导航足够醒目，这样人们不用太费劲就能找到；二、为小屏幕和缓慢的下载速度设计。"[31]

要分析交互设计在移动终端应用中的实施原则，就要先搞清移动终端应用自身的特点。比如，屏幕较小，且不同的移动终端有不同的屏幕尺寸及分辨率、应用设计需考虑不同系统平台间的差异，用户的使用场景、用户习惯等。这就要求设计师在移动终端应用的设计中客观地分析交互设计实施原则。

7.3.1 布局合理

布局要合理，要高效利用有限屏幕尺寸。虽然手机屏幕有不断变大的趋势，但与桌面计算机相比，屏幕空间明显较小，每屏无法显示足够多的内容，不能用空隙和辅助线来划分区块间的关系，全局导航的设置受到限制。凭借用户短时记忆构建对信息空间的理解和反馈，会使交互行为更加困难。

针对这样的实际情况，要求设计对象更小、更有弹性。

首先，应用要满足主流屏幕的尺寸及分辨率。

其次，可将总任务拆分为多个子任务，利用逐层深入的菜单，合理地将继承关系组织起来，确保每层内容不要过多，且逻辑清晰、操作流畅。

最后，舒适的页面元素布局可以让拇指自由地操作并充分地休息，拇指需要在界面上来回滑动和点击，尽量保证控制元件的布局不会干扰到实际内容，这也是为什么手机应用导航多出现在屏幕下方的原因。

美国自然历史博物馆网站（www.amnh.org），基于移动用户需求划分四个栏目，信息层次结构清楚，界面风格统一，交互逻辑性强。此例展示了从 find exhibits、Blue Whale、info 逐渐深入的信息界面。

美国自然历史博物馆移动应用

7.3.2 界面简洁

界面简洁，可以减轻用户浏览负担。交互设计之父 Alan Cooper 倡导简约设计，他提出，在简约设计中每一个选项都应该有目的并且是直接了当的，同时，Alan Cooper 也主张减少用户界面中过多的直接选项。他认为，在一个精心设计的 UI 中，用户界面对用户几乎是透明的，因为它自然地符合了用户的思维模式。所以，我们要限制功能的数量，只保留那些至关重要的部分。

在移动终端应用中更应如此，可通过减少控件的数目和突出显示重要信息使每屏的内容尽量简洁直观，当前界面的内容及按钮应与当前任务有密切的关联，上一级或下一级的内容不出现在当前页面中（返回按钮除外）。合理地减少选项，可以使用户按照思维模式"顺其自然"地走下去。

此外，留白对于移动 Web 的界面设计是值得认真尝试和思考的，因为没有多余的浪费空间，对像素及细节的把握能力显得越发重要，利用留白来表达视觉元素间的关联及分组关系，也可以实现清爽轻松的用户体验。

PRL 网站采用响应式设计，桌面版和移动版 Web（m.paulrobertlloyd.com）风格统一、界面简洁。桌面 Web 的标识、主导航菜单、搜索水平布局于页面顶端；移动 Web 为了节省空间，把主导航菜单项收缩在最右侧的导航图标中。

PRL桌面网站及移动网站界面

7.3.3 细化场景

我们需要细化场景，综合运用交互方式。用户大多是在什么样的场景下使用应用呢？对于这个问题，我们会想当然地认为用户的使用场景会在快速移动的不稳定环境中，有难以集中的注意力和其他不确定复杂因素不断干扰着用户。

其实，这只是实际情况的一部分，多数情况下移动 Web 的使用环境比我们想象中更稳定，用户注意力更集中。如果我们仔细思考不难发现，在地铁、公交站、候车厅、汽车中、沙发上，甚至是夜晚的床头，这些我们经常使用移动 Web 的场都是相对稳定的，用户注意力也可以非常集中。只有少数特殊应用会在完全移动的环境下使用，例如 Google 地图，GPS 定位等。

可见，"移动"的场景并没有过多地限制我们对移动 Web 的开发，相反，移动终端还具有 GPS、内置麦克风、摄像头、触控屏、陀螺仪、罗盘等硬件配置，就可能实现如：照片及时分享、旅游经历记录、周边信息查询、急病呼救通知等功能。如果我们能将这些优势应用在交互设计上，就能在很大程度上提高操作系统的功能性。

纽约布朗克斯动物园（m.bronxzoo），我们可以在家里登录其移动 Web 搜索开园时间来计划行程，然后在前往的过程中利用谷歌地图搜索目的地和到达时间等相关信息。

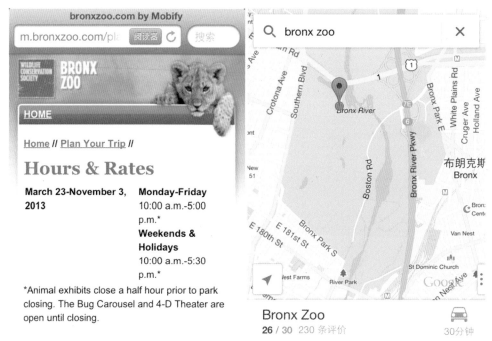

纽约布朗克斯动物园移动网站和谷歌地图应用

7.3.4 减少输入

通过减少输入，可以提高操作方式的察觉性。即使是在 iPad 这样较大的屏幕上，按键输入也会减慢用户操作的速度。过多的文本输入不仅会浪费用户的时间和精力，还会增加操作失误的概率，反复几次后会让用户形成挫败感。通过使用列表选项的形式和增加控件的可记忆性等途径避免输入，更多地依靠手势来完成操作。

移动客户端通常支持拨动、转动、多指操作、摇动等多种手势，其中使用最多的是横拨、竖拨、长按、转动和晃动。这些手势让客户体验有了不一样的尝试，将最常用的功能逻辑性与这几个手势结合将会给用户带来最大的便利。

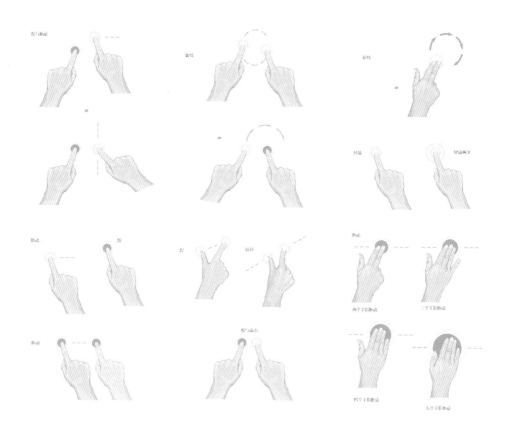

常用手势

手势控制分为触发动作（Touch Mechanics）和触发行为（Touch Activities）。触发动作是指用户手指在屏幕上如何动作，即用户的手指在界面上做了什么；触发行为是指用户在界面上的特定动作在特定情境下引发的结果。

同样的触发动作（如：单次触击）在不同情境下可能会带来不同的结果（如：跳转、取消、开启、关闭），同样的触发行为（如：放大）可能是由多种触发动作（如：缩放、双击）实现的。

需要注意的是，应该设计一些线索来提高操作方式的察觉性，也就是说这些隐藏的操作方式需要被用户感知到并尝试操作，一般的做法是配上控件或者设计不完整的页面，并搭配合情合理的操作手势。

SOLAR 移动应用界面设计风格简约清爽，支持"摇一摇"刷新天气情况，打开软件时 SOLAR 标志中的字母 O 渐变转动，代表加载进度。YAHOO 天气也是一款功能相似的应用，手指左右滑动切换城市，上下滑动显示详细信息，详细信息页面上方和右侧渐隐部分分别代表上下或左右滑动手指会展开更多信息。

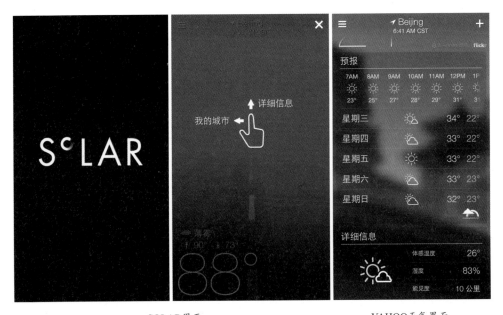

SOLAR界面　　　　　　　　　　YAHOO天气界面

7.3.5 积极反馈

无论何种应用，都需要积极反馈，提高操作系统可视性。程序应该在必要的时候给予用户合理的反馈，让用户知道当前的运行状态，是否可操作及可操作的范围。

很多联网的操作应该配以可见的图标来指示用户的操作是否有响应。合理的反馈和提示能正确引导用户的操作流程，明确告知用户正在运行比告诉用户任务已经完成重要。反馈可以通过多种形式实现，包括界面元素、声音、影像变化和物理位移（如震动）等。

在 Britain is GREAT 移动 APP 的下载、安装过程中，界面上出现灰色半透明圆角矩形衬托的下载及安装状态示意文字和图形，用户可以清楚地了解当前状态。

Britain is GREAT应用安装过程

除上述原则以外，交互设计在移动终端应用中还有一些与传统 Web 页面共性的原则，如一致性原则、对齐原则、组块原则、形式追随功能等原则。我们不仅要了解和掌握这些原则，还要能够通过技术手段将其实现，针对移动设备特性在视觉与交互方式等方面专门进行打造，从而得到人和交互对象相得益彰的相处方式，实现快速设计、构建人机友好的移动 Web。

7.4 展 望

移动终端和移动互联网的发展触发了响应式 Web 设计。响应式 Web 设计（RWD，Responsive Web Design）是一种网页设计的技术做法，由伊桑·马科特（Ethan Marcotte）提出。理念是：Web 的设计与开发应当根据用户行为以及设备环境（系统平台、屏幕尺寸、屏幕定向等）进行相应的响应和调整，即页面能够自动切换分辨率、图片尺寸及相关脚本功能等，以适应不同设备。

具体的实践方式包括：弹性网格和布局、图片、CSS Media Query 的使用等。

响应式 Web 设计就是一个网站能够兼容多个终端，而不是为每个终端做一个特定的版本。

但是响应式 Web 设计也存在一定的问题：太多的资源请求和有限的移动终端支持之间的矛盾。对于内容较少的网站，可以从移动版开始设计响应式 Web；对于具有大量内容又注重视觉和功能的网站，可以分别设计桌面版和移动版，同时解决桌面版 Web 和移动版 Web 在用户体验和视觉风格上的差异。

Tremulant 个人设计网站（www.tremulantdesign.com），提供响应式 Web 设计服务，并且此网站本身也是采用响应式设计，移动版和桌面版一脉相承。

Tweet

tremulant design

HOME   ABOUT   PORTFOLIO   BLOG   CONTACT

Michael Hobson
Web Designer & Illustrator

I'm a London-based **designer/entrepreneur** by day - digital sponge by night. I've co-founded the successful London networking events company, '3beards', where we run tech-focussed events such as Silicon Drinkabout, Digital Sizzle, Chew The Fat, and Don't Pitch Me Bro. I've also co-founded and designed Pollarize, an iPhone app constructed for social decision making. I've won awards for my literature, and dabbled in everything from 'Alternate Reality Games' to timelapse video. Sometimes things pop into my head and I draw them.

You can find me on Twitter.

Websites
I love making websites that have great usability coupled with interesting design. My websites are clean & functional, with a quirky edge...

Have a ganders.

Illustration
Now and again I'll have the irresistible urge to draw an idea that pops into my head. How else would I document my descent into madness?

Question my sanity.

3beards
3beards is a startup & tech events company I have co-founded. We have a bunch of different events, and most are free to attend! Come along and...

Meet me in person.

Latest from Twitter

© Copyright 2013 Michael Hobson. All Rights Reserved.
Konami code enabled. Built responsively for mobile.

Tremulant个人设计公司网站

Retreats 4 Geeks 桌面网站（retreats4geeks.com）及移动网站（m.retreats4geeks.com），风格统一。移动 Web 中把导航菜单收缩到顶部的下拉列表中，节省了界面空间。界面中的视觉元素随着季节变换而变化，从夏季到秋季，树叶由绿转红，草丛中的黄花也谢了。

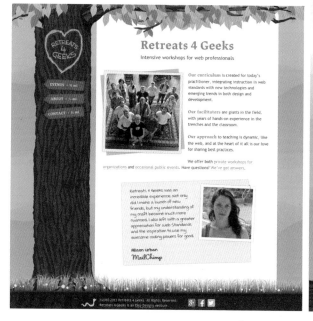

Retreats 4 Geeks桌面网站及移动网站

响应式设计虽然可以使网站能够适应不同的设备，并根据视窗改变页面布局，但是，如果为用户特定的使用情境提供不同的网站信息和功能，就需要分别设计桌面版网站和移动版网站。"这样就可以基于用户的设备、位置、连接速度以及包括技术特性在内的其他变量来提供不同的内容、设计和交互。" [32]

  布鲁克林植物园网站（www.bbg.org）可以用普通电脑登录，同时为移动用户增加了移动版（m.bbg.org），考虑到适应小屏幕和文件的下载速度以及节省用户开销、简化内容，除了网页中植物园的 Logo、宣传樱花节的图片，就只有导航列表了。移动网站的导航非常精简，列出的项目都是移动用户最关心和急需了解的，如果需要获得更多的详细资料还可以手机登录标准桌面版网站（选择 "View Full Site" 栏目）。

Brooklyn Botanic Garden网站

  "随着技术的不断进步，移动设备的某些限制也会发生变化，不过，任何设备都有自己的长处和不足。有时候，把某项任务的某些部分转移到不同的平台上可能是一种更好的选择。"[33] 随着互联网和移动设备的终极结合，所有的移动 APP 和 Web 都可能基于云存储和云计算，移动 Web 使用通用的浏览器平台，而移动 APP 则需要针对不同的操作系统分别进行设计开发。屏幕折叠或卷曲、手机投影技术可以使界面设计空间更大。体感增强和手势开发，使得界面交互更加灵活，界面导航设计也必然采用更符合用户的自然法则。

  移动 APP 或 Web 的普及是社会发展的必然趋势：手持产品更有利于移动便携的需要，移动 APP 或 Web 在娱乐、消遣、办公、商务、消费、保健、环保、社交等方面越来越强大。随着网络、云计算、屏显、投影、传感器、存储设备等技术的革新发展，系统、标准、制式的统一，互联网和物联网的结合，国家地区行业的互惠合作，人们对移动设备应用将如呼吸般寻常自如，而移动 APP 或 Web 的界面导航也将更加自然顺畅。

参考文献

[1] Steven Heim. 和谐界面——交互设计基础 [M]. 李学庆等译 . 北京：电子工业出版社，2008. p55

[2] Jesse James Garrett. 用户体验的要素 [M]. 范晓燕译 . 北京：机械工业出版社，2008.

[3] Donald A.Norman. 情感化设计 [M]. 付秋芳等译 . 北京：电子工业出版社，2008.

[4] Jenn+Ken Visoy O' Grady. 信息设计 [M]. 郭瑢译 . 南京：译林出版社，2009.

[5] Donald A.Norman. 设计心理学 2：如何管理复杂 [M]. 梅琼译 . 北京：中信出版社，2011. p56

[6] 李醒尘 . 西方美学史教程 [M]. 北京：北京大学出版社，2005. p313

[7] Ben Shneiderman. 用户界面设计 [M]. 张国印等译 . 北京：电子工业出版社，2009. P332

[8] 张孟常 . 设计概论新编 [M]. 上海：上海人民美术出版社，2009. p185

[9] 梁景红 . 网页设计思维 [M]. 北京：电子工业出版社，2007.

[10] 刘超 . 基于隐喻理解的移动终端界面交互设计 [D]. 北京：北京邮电大学，2010.

[11] Douwe Draaisma. 记忆的隐喻 [M]. 乔修峰译 . 广州：花城出版社，2009.p16

[12] [13] Alan Cooper. About Face 3 交互设计精髓 [M]. 刘松涛等译 . 北京：电子工业出版社，
2012.p211，p120

[14] Robin Williams. 写给大家看的设计书 [M]. 苏金国等译 . 北京：人民邮电出版社，2010 第二版 .
p134

[15] Elliot Jay Stocks. 网页的吸引力设计法则 [M] . 史黛拉译 . 北京：电子工业出版社，2011. p92

[16] Kim Brad Hampton. 商业网站设计指南 [M]. 刘征宇译 . 杭州：浙江科学技术出版社，1999.

[17] Jenifer Tidwell. 界面设计模式 [M]. De Drea 译 . 北京：电子工业出版社，2008.

[18] Donna Spencer. 卡片分类：可用类别设计 [M]. 周靖等译 . 北京：清华大学出版社，2010.

[19] Eric Butow. 用户界面设计指南 [M]. 陈大炜译 . 北京：机械工业出版社，2008.

[20] 伍丽君 . 网上消费者行为分析 [J]. 湖北社会科学，2001(12)：19-20.

[21] [22] Russ Unger. UX 设计之道——以用户体验为中心的 Web 设计 [M]. 孙亮译 . 北京：人民邮
电出版社，2010. p129，p148

[23] James Kalbach. Web 导航设计 [M]. 李曦琳译 . 北京：电子工业出版社，2009.

[24] Douglas K. Van Duyne 等 . 网站交互设计模式 [M]. 孙昕等译 . 北京：电子工业出版社，2009.

[25] Steve Krug. 不要让我思考 [M]. De Dream 译 . 北京：机械工业出版社，2007.

[26] Jakob Nielsen. 用眼动追踪提升网站可用性 [M]. 冉令华等译 . 北京：电子工业出版社，2011.
p19，p127

[27] Robert Hoekman. Jr. 瞬间之美——Web 界面设计如何让用户心动 [M]. 向怡宁译 . 北京：人民
邮电出版社，2009. p33

[28] Josh Clark，触动人心——设计优秀的 iphone 应用 [M]. 包季真译 . 北京：电子工业出版社，
2011.p53

[29] Suzanne Ginsburg，iPhone 应用用户体验设计实战与案例 [M]. 师蓉等译 . 北京：机械工业出
版社，2011.p161

[30] Donald A.Norman. 设计心理学 [M]. 梅琼译 . 北京：中信出版社，2010. p164

[31] Jakob Nielsen，贴心设计打造高可用性的移动产品 [M]. 牛化成译 . 北京：人民邮电出版社，
2013. P38

[32] Ben Frain 响应式 Web 设计——HTML5 和 CSS3 实战 [M]. 王永强译 . 北京： 人民邮电出版社，
2013. P3

[33] Giles Colborne 简约之上 [M]. 李松峰译 . 北京： 人民邮电出版社，2011. p164

* 作者建议读者深入阅读本书相关参考文献。